Web 3.0

具有颠覆性与重大机遇的第三代互联网

成生辉 著

清华大学出版社

北京

内 容 简 介

本书针对当下火热的 Web 3.0 话题，介绍 Web 3.0 的相关专业知识、技术实现方法及应用前景。

全书共 9 章，第 1 章介绍了 Web 3.0 的基本知识；第 2、3 章介绍了 Web 3.0 的基础技术栈和拓展技术栈；第 4 章介绍了 Web 3.0 的生态构建，包括去中心化自治组织、开放式金融、加密货币、代币经济与数字市场、数字身份、创造者经济、注意力经济等；第 5 章阐述了 Web 3.0 的行业应用；第 6 章介绍了 Web 3.0 与 SaaS 平台的关系；第 7 章关注 Web 3.0 的行为准则，包括互联网协议、数字身份管理、网络制衡机制、链上管理和链下管理等机制；第 8 章介绍了 Web 3.0 的应用挑战；第 9 章对 Web 3.0 进行了总结与展望。全书运用可视化的表达方式，对繁杂的概念及相关的技术进行详尽的阐述。

本书适合 Web 3.0 从业人员、相关技术人员，以及金融、计算机专业的大学生、研究生参考与学习。

图书在版编目 （CIP） 数据

Web 3.0：具有颠覆性与重大机遇的第三代互联网 / 成生辉著 . —北京：清华大学出版社，2023.2
ISBN 978-7-302-62608-4

Ⅰ．① W⋯　Ⅱ．①成⋯　Ⅲ．①互联网络－基本知识　Ⅳ．① TP393.4

中国国家版本馆 CIP 数据核字（2023）第 005513 号

责任编辑：施　猛
封面设计：熊仁丹
版式设计：方加青
责任校对：成凤进
责任印制：朱雨萌

出版发行：清华大学出版社
　　　　　网　　　址：http://www.tup.com.cn，http://www.wqbook.com
　　　　　地　　　址：北京清华大学学研大厦 A 座　　　　邮　　编：100084
　　　　　社 总 机：010-83470000　　　　　　　　　　邮　　购：010-62786544
　　　　　投稿与读者服务：010-62776969，c-service@tup.tsinghua.edu.cn
　　　　　质 量 反 馈：010-62772015，zhiliang@tup.tsinghua.edu.cn
印 装 者：小森印刷（北京）有限公司
经　　销：全国新华书店
开　　本：180mm×250mm　　　　印　　张：15　　　　字　　数：276 千字
版　　次：2023 年 2 月第 1 版　　　印　　次：2023 年 2 月第 1 次印刷
定　　价：98.00 元

产品编号：100942-01

致谢
THANKS

感谢樊宇清、刘宇琦、孟怡然、刘铂晗、沈闵黑籽、莫晨晨和吴佳颖等为本书的出版做出的巨大贡献。感谢刁孝力和陈晖对本书写作的指导。

互联网是人类通信技术的重大革命，在30多年的发展历程中，对人类社会产生了深远而恒久的影响。伴随着信息技术的发展，互联网呈现向下一代互联网演进的趋势。"旧"技术自带生命力地不断迭代演进，汇入新故事的长河。Web 3.0这艘"大船"正以可见的速度向我们驶来，未来十年，它很可能成为这个星球上最大的时代机遇。

之前，人们在地产、金融等传统投资项目上，已经获得了大量的回报。但是，利益、阶层出现了一定的固化，年轻人的世界面临相当大的挑战。Web 3.0在逼仄的世界中打开了一条裂缝，从裂缝中可以窥见一个新世界。在那里可以不玩前辈设定好规则的游戏，而是重新定义规则，成为新的游戏规则制定者和游戏参与者。如今的年轻人，正在踊跃通过Web 3.0的全新叙事，争夺属于自己的话语权。相比Web 1.0和Web 2.0两场革命，Web 3.0天生与大众有更强的关联性。Web 3.0支持者将其看作虚空中漂浮但触手可及的金山，将这一轮技术革新吹捧为"未来全球经济最大的驱动力"；Web 3.0反对者将其看作摇摇欲坠的神坛，认为这是"史上最快生成的、最大的泡沫"。

撰写本书的目的有三个：一是从整体出发，系统而全面地介绍Web 3.0的相关知识，方便读者建立对Web 3.0的初步印象和概念框架；二是以发展的角度来分析Web 3.0出现的必然性、发展的必要性和未来的可能性，展望Web 3.0所带来的巨大变革；三是从对比分析的角度探讨Web 3.0与元宇宙的关系，研究个体与组织如何在时代的激流中抓住Web 3.0这一叶扁舟，从而谱写"直挂云帆济沧海"的华章。

本书首先介绍Web 3.0的概念和特点，以及Web 3.0的基础设施、发展设施和场景应用，并讨论了Web 3.0与元宇宙的关系。随后，本书介绍了Web 3.0的基础技术栈和拓展技术栈，它们是Web 3.0不可缺少的一部分。紧接着，针对Web 3.0的生态构建，本书介绍了去中心化自治组织（DAO）、开放式金融（DeFi）、加密货币、代币经济与数字市场、数字身份（DID）、创造者经济（creator economy）、注意力经济（attention economy），以及网络物理与人类系统（CPHS）。

它们将一起助力于实现一个运行在"区块链"技术之上的"去中心化"的互联网。

之后，本书介绍了 Web 3.0 的行业应用（即 DApp），以及 Web 3.0 与软件即服务（SaaS）平台的关系。其中，DApp 相关内容讨论了其在社交网络、数据存储、数字银行等方面的应用；SaaS 平台相关内容讨论了其在 NFT、DeFi、分布式存储中的应用。针对 Web 3.0 的组织治理问题，本书详解了互联网协议、数字身份管理、网络制衡机制、链上管理结合链下管理等机制。接下来，本书介绍了 Web 3.0 将会面临的安全挑战、发展挑战，以及法律与监管挑战。最后对 Web 3.0 进行了总结与展望，期待在新的互联网环境中诞生新的产业模式和商业机遇。

成生辉

2022年11月

术 语 表

缩写	专业术语	释义
NFT	non-fungible token	非同质化代币
\	creator economy	创造者经济
SW	semantic web	语义网
SSI	self-sovereign identity	自主管理身份
DPKI	distributed public key infrastructure	分布式的公钥基础设施
DNS	domain name system	中心化管理的域名系统
DAO	decentralized autonomous organization	去中心化自治组织
\	digital identity	数字身份
DID	decentralized identity	去中心化身份
DeFi	decentralized finance	去中心化金融
\	attention economy	注意力经济
\	blockchain	区块链
CPHS	cyber-physical human systems	网络物理与人类系统
\	smart contract	智能合约
\	streaming media	流媒体
\	token	代币
\	digital bank	数字银行
DApp	decentralized application	去中心化应用
GameFi	gaming and decentralized finance	链游
RPA	robotic process automation	机器人流程自动化
CRPA	cognitive robotic process automation	认知机器人流程自动化
DHT	distributed hash table	分布式散列表
IPFS	inter planetary file system	星际文件系统
SaaS	software as a service	软件即服务
IAs	intelligent agents	智能代理
RDF	resource description framework	资源描述框架
API	application programming interface	应用程序编程接口
\	mashups	混合数据
\	protocol stack	协议栈
NLP	natural language processing	自然语言处理

（续表）

缩写	专业术语	释义
BTC	bitcoin	比特币
ETH	ethereum	以太坊
\	cryptocurrency	加密货币
BCI	brain computer interface	脑机接口
\	privacy computing	隐私计算
\	mind uploading	意识上传
WBE	whole brain emulation	全脑仿真
FL	federated learning	联邦学习
SBT	soul bound	灵魂绑定
TEE	trusted execution environment	可信执行环境
BaaS	brands as a service	品牌即服务

第3章 ∴ Web 3.0的拓展技术栈 / 57

第8章 ∴ Web 3.0的应用挑战 / 179

第9章 ∴ Web 3.0的未来 / 195

第1章
大变革：Web 3.0时代

近年来，随着数字技术的不断发展和元宇宙概念的火热，Web 3.0被广泛提及。2022年10月18日，中国香港明星周星驰在Instagram开通首个社交平台账号，首条动态便表示要亲自招聘Web 3.0人才："在漆黑中找寻鲜明出众的Web 3.0人才。"不止是周星驰，已经有越来越多的明星艺人入局Web3.0，NFT、虚拟地产是其较为普遍的尝试，周杰伦、林俊杰、潘玮柏、刘畊宏等明星均持有NFT相关产品，林俊杰还在元宇宙世界豪掷12.3万美元购买虚拟地产。以全息化、不间断运行、去中心化、用户主导为主要特征的Web 3.0，是人类进入数字文明的元宇宙时代所不可或缺的关键性基础设施。图1.1展示了搜索Web 3.0时，主要的相关词，包括区块链、DAO、DID 等。

图 1.1　Web 3.0相关概念词云图

1.1　Web 3.0 打开新时代

在2006年，Web 3.0的概念被首次提出。雅虎创始人杨致远在Technet峰会上，针对当时Web 2.0已经显现的硬件和软件问题，提出网络的力量已经到达一个临界点，所以需要一个崭新的真正公共网络载体。它既能消除专业、半专业用户和消费者之间的清晰界限，又能激励他们共同创造网络互动和网络效应。我们将这样的商业和应用程序称为Web 3.0。之后，谷歌首席执行官埃里克·施密特和奈飞创始人里德·哈斯廷斯，以及互联网界其他有影响力的人物，纷纷阐述过Web 3.0的内涵。科技创业者兼投资人克里斯·迪克森（Chris Dixon）把Web 3.0描述为一个建设者和用户的互联网，数字资产则是连接建设者和用户的纽带。但是，人们并没有形成对Web 3.0公认的定义。Web 3.0 是当前各大技术潮流迈向新的成熟阶段的具体体现，包括互联网、网络计算、开放技术、开放身份、智能网络、分布式数据库、智能应用程序等。

> **释义 1.1：Web 3.0**
>
> 　　Web 3.0是一种基于区块链去中心化的新型互联网服务，是下一代的网络技术变革。

如图1.2所示，人们对Web 3.0的认知逐渐深入，从最初的"互联网""网络计算"，到"分布式数据库""智能应用程序"，再到最新的"真正公共网络载体""网络技术的第三次迭代"。

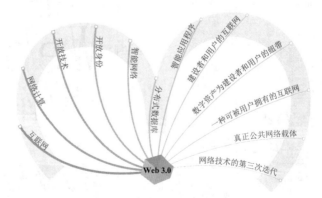

图 1.2　Web 3.0被赋予的标签

1.1.1 什么是 Web 3.0

Web 3.0 是网络技术的第三次迭代，其概念仍在不断扩展，因此目前没有一个规范的被普遍认可的定义。人们对于 Web 3.0 只是达到了这样的底线式认知："Web 1.0 是静态互联网，Web 2.0 是平台互联网，Web 3.0 是价值互联网。"Web 1.0 属于过去，解决用户浏览内容的问题；Web 2.0 属于现在，解决用户创造内容的问题；Web 3.0 属于未来，将解决用户信息安全和内容所有权的问题。Web 3.0 被称为"一种可被用户拥有的互联网"，是基于区块链的去中心化在线生态系统，其中用户掌握自己的数据所有权和使用权，并公平地参与到由此产生的利益分配里面。彭博社将该术语描述为"以代币激励的形式，将金融资产融入用户在网上所做的任何事情中"的一种想法。但显然，这个定义对于 Web 3.0 来说是不够完整的。

剑桥大学贝内特公共政策研究所在 2022 年发布了一份政策简报，将 Web 3.0 定义为"集合了技术、法律和支付系统的下一代网络，其包含区块链、智能合约及加密货币"三个基本架构。这三个基本架构是 Web 3.0 能够被认证为去中心化平台、安全性高、互操作性强的新一代网络的核心因素。Web 3.0 的核心价值是要构建一个去中心化、价值共创、按贡献分配的新型网络，而绝非对现阶段互联网的简单升级。

此外，语义网（semantic web）也被认为是 Web 3.0 时代的特征之一。蒂姆·伯纳·李创建了"语义网"这个概念，来描述能够根据语义进行判断、以实现人与计算机之间无障碍沟通的智能网络。

释义 1.2：语义网

能够根据语义进行判断、以实现人与计算机之间无障碍沟通的智能网络。

语义网是通过万维网联盟（world wide web consortium，简称 W3C）制定的标准，是对万维网（world wide web，WWW）的扩展，其目标是使机器能够理解词语和概念，且能够理解它们之间的逻辑关系，从而使交流变得更有效率和价值。简单来说，语义网是一种能理解人类语言的智能网络。它不仅能够理解人类的语言，还可以使人与计算机之间的交流变得像人类之间交流一样轻松。它是人工智能领域一个极好的应用场景，主张实现 Web 上数据级间的相互操作，颇具实践性。

1. Web 3.0 是用户与建设者拥有并信任的互联网基础设施

不同于 Web 1.0 和 Web 2.0，Web 3.0 以用户为中心，强调用户拥有自主权。如图 1.3 所示，为更贴合以用户为中心的理念，Web 3.0 应用了许多技术和方法，主要包括以下几个：用户自主管理身份、赋予用户真正的数据自主权、提升用户在算法面前的自主权和建立全新的信任与协作关系。

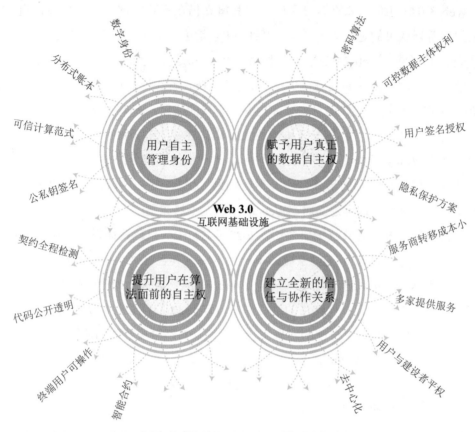

图 1.3　使用户拥有自主权的各种方法

一是用户自主管理身份（self-sovereign identity, SSI）。用户无须在互联网平台上开户，而是通过公私钥的签名与验签机制相互识别数字身份。为了在没有互联网平台账户的条件下可信地验证身份，Web 3.0 还可利用分布式账本技术，构建一个分布式的公钥基础设施（distributed public key infrastructure, DPKI）和一种全新的可信分布式数字身份管理系统。分布式账本是一种数据库类型，是一个严防篡改的可信计算范式，在这一可信机器上，发证方、持证方和验证方之间可以端到端地传递信任。

二是赋予用户真正的数据自主权。Web 3.0 使用户拥有自主管理身份的权利，打破了中心化模式下数据控制者对数据的天然垄断。分布式账本技术可提供一种全新的自主可控数据隐私保护方案。用户数据经密码算法保护后在分布式账本上存储。身份信息与谁共享、做何种用途均由用户决定，而只有经用户签名授权的个人数据才能被合法使用。通过数据的全生命周期确权，数据主体的知情同意权、访问权、拒绝权、可携权、删除权（被遗忘权）、更正权、持续控制权可以得到更有效的保障。

三是提升用户在算法面前的自主权。智能合约是分布式账本上可以被调用、功能完善、灵活可控的程序，具有透明可信、自动执行、强制履约的优点。当它被部署到分布式账本时，程序的代码就是公开透明的。用户对可能存在的算法滥用、算法偏见及算法风险均可进行随时检查和验证。智能合约无法被篡改，会按照预先定义的逻辑去执行，产生预期中的结果。契约的执行情况将被记录下来，全程被监测；契约的算法可审计，可为用户质询和申诉提供有力证据。智能合约不依赖特定中心，任何用户均可发起和部署，这种天然的开放性和开源性极大地增强了终端用户对算法的掌控能力。

四是建立全新的信任与协作关系。在Web 1.0和Web 2.0时代，用户对互联网平台信任不足。多年以来，爱德曼国际公关公司（Edelman Public Relations Worldwide）一直在衡量公众对机构（包括大型商业平台）的信任。2020年，公司调查发现，大部分商业平台都不能站在公众利益的立场上考虑自身的发展，难以获得公众的完全信任。而Web 3.0不是集中式的，没有单一的平台可以控制，任何一种服务都有多家提供者。在Web 3.0时代，平台通过分布式协议相连接，用户可以通过极小的成本从一个服务商转移到另一个服务商。用户与建设者平权，不存在谁控制谁的问题，这是Web 3.0作为分布式基础设施的显著优势。

2. Web 3.0是安全可信的价值互联网

Web 3.0指向的是人类文明演进的两大方向，即自由和信任。在计算机世界，若没有信任机制，由电子信息承载和传送的价值很容易被随意复制和篡改，引发价值伪造与"双花"（double spending）①问题。Web 1.0和Web 2.0仅是信息网络，虽然可以传播文字、图片、声音、视频等信息，但缺乏安全可信的价值传递技术支撑，因此无法像发邮件、发短信一样点对点进行价值传递（如数字货币），只能依赖可信机构的账户系统，开展价值的登记、流转、清算与结算。分布式账本的出现，则创造了一种高度安全可信的价值传递技术。它以密码学技术为基础，通过分布式共识机制，完整、不可篡改地记录价值转移（交易）的全过程。这种技术的核心优势是不需要依赖特定中介机构即可实现价值的点对点传递，使互联网由Web 1.0和Web 2.0的信息互联网向更高阶的安全可信的价值互联网Web 3.0转变。

---

① 双花，即双重支付，指的是在数字货币系统中，因数据的可复制性，使得系统可能存在同一笔数字资产由于操作不当而被重复使用的情况。

图1.4展示了的本节重点阐述的两大问题：构建安全可信的价值互联网所需技术及其所解决的问题。

图 1.4　构建安全可信的价值互联网所需技术及其所解决的问题

在Web 3.0登记和传递的价值可以是数字货币，也可以是数字资产。分布式账本技术为数字资产提供了独一无二的权益证明。哈希算法辅之以时间戳生成的序列号保障了数字资产的唯一性和难以复制性。一人记录、多人监督复核的分布式共识算法杜绝了在没有可信中间人的情况下，数字资产造假现象和"双花"问题。数字资产还具有不可分割的特性，如NFT能以完整状态存在、拥有和转移。

除了链上原生，数字资产还可来自链下实物资产，如一幅画、一幢房子。如何保障链上数字资产和链下实物资产的价值映射是关键。通常，可考虑通过射频识别标签（RFID）、传感器、二维码等数据识别传感技术以及全球定位系统，实现物与物相连，组成物联网（internet of things, IoT）。物联网与互联网、移动网络构成"天地物人"一体化信息网络，从而实现数据自动采集，从源头上降低虚假数据上链的可能性。

以周杰伦之前被盗的BAYC #3738NFT为例——该NFT从周杰伦地址转出，很快被多次交易。通过欧科云链链上天眼产品所提供的NFT溯源功能，结合海量的链上地址标签，可以帮助用户在交易投资前洞察NFT过往历史，快速识破各类欺诈活动。欧科云链认为，链上数据的价值已经变得越来越重要，除了地址标签外，还需要通过一整套完整的解决方案对数据进行检查、编目和解释，从而获得更具执行力的见解。

Web 3.0一方面能够实现用户侧自主管理身份；另一方面可实现网络资源侧的自主管理地址，真正做到端到端访问过程的去中介化。传统互联网作为全球化开放络，其资源访问依赖于中心化管理的域名系统（domain name system, DNS）①。DNS作为互联网根本的基础设施，虽然从IPv4到IPv6进行了系统扩展和优化，但仍有可能被操控。Web 3.0作为全新的去中心化的价值互联网，需要全新的去中心化的DNS根域名治理体系。这在技术上可以通过分布式账本实现，即资源发布方自主注册和管理域名，用户自主查询和解析域名。DNS不仅可以支持传统互联网信息资源，还可以对更广泛意义的数字资产资源、数字实体、区块链等进行命名和域名解析，从而使得智能合约可以对数字资产以更为方便和可读的方式进行操作。

例如，以太坊域名服务（ethereum name service, ENS）就是一种Web 3.0域名服务。它是一个基于以太坊区块链的分布式、开放和可扩展的命名系统。ENS的工作是将可读的域名（如"alice.eth"）解析为计算机可以识别的标识符，如以太坊地址、内容的散列、元数据等。ENS还支持"反向解析"，从而使得元数据（如规范化域名或接口描述）与以太坊地址相关联成为可能。与DNS一样，ENS是一个层次结构的域名系统。不同层次域名之间以点作为分隔符，我们把这种层次称为域。一个域的所有者能够完全控制其子域。顶级域名（如".eth"和".test"）的所有者是一种名为"注册中心（registrar）"的智能合约。该合约指定了控制子域名分配的规则，任何人都可以按照这些合约规定的规则，获得一个域名的所有权为己所用，并可根据需要为自己或他人配置子域名。

3. Web 3.0是用户与建设者共建共享的新型经济系统

Web 3.0带来的经济影响，远远超过Web 1.0和Web 2.0。如图1.5所示，Web 1.0创造的数字经济规模的巅峰值在1.5万亿美元左右；Web 2.0创造的数字经济规模近期突破了40万亿美元；而Web 3.0创造的数字经济规模可轻松突破百万亿美元。Web 3.0的数字经济规模相较于Web 1.0和Web 2.0，呈现起步晚、增长速度快、规模大的特点。

---

① 互联网上解决网上机器命名的一种系统。

　　互联网经济的典型特征是流量为王——用户越多，价值越高。最简单的用户价值变现方式就是广告。直到现在，广告依然是互联网产业收入的重要来源。除此之外，互联网平台还可利用大数据分析技术，从海量的用户数据中挖掘用户的特征、习惯、需求和偏好，借此开展精准营销和智能推荐，或者将相关数据分析产品卖给第三方，从中获益。在Web 1.0和Web 2.0时代，用户虽然可以免费使用服务，且在早期引流时还会得到优惠券和消费红包之类的福利，但用户作为互联网价值的源泉，享受不到互联网的价值收益。由生态沉淀出的用户数据也被互联网平台占有，而用户作为生态的重要参与者和贡献者，却无法从中获益。

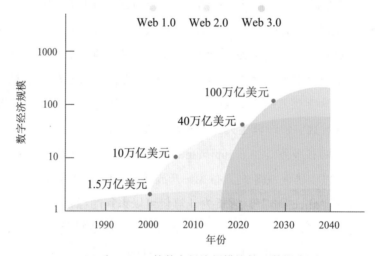

图 1.5　Web 1.0、Web 2.0和Web 3.0的数字经济规模比较（数据来源：Folius Venture）

　　Web 3.0将重构互联网经济的组织形式和商业模式。Web 1.0和Web 2.0以互联网平台为核心，由互联网平台组织开展信息生产与收集，通过平台连接产生网络效应，降低生产者与消费者之间的搜寻成本，优化供需匹配，因此被称为平台经济。而Web 3.0利用分布式账本技术，构建了一个激励相容的开放式环境，这个环境被称为去中心化自治组织（decentralized autonomous organization, DAO）。在这样的环境中，众多互不相识的个体自愿参与"无组织"的分布式协同作业，像传统企业一样投资、运营、管理项目，并共同拥有权益（stake）和资产。项目决策依靠民主治理，由参与者共同投票决定。决策后的事项采用智能合约自动执行。DAO是一种"无组织形态的组织力量"，没有董事会、没有公司章程、没有森严的上下级制度、没有中心化的管理者，去中介化，点对点平权。在DAO模式下，用户共创共建、共享共治，既是网络的参与者和建设者，也是网络的投资者、拥有者以及价值分享者。

在 Web 3.0 时代，开发者可以创建任意的、基于共识的、可扩展的、标准化的、图灵完备的[①]、易于开发的和可协同的应用。任何人都可在智能合约中设立他们自由定义的所有权规则和交易方式，以此发展出各类分布式商业应用，从而构建新型的可编程金融、可编程经济。一个智能合约可能就是一种商业模式，具有无限的想象空间。用户将共同分享各类可编程商业项目发展壮大带来的利益。

如前述所言，Web 3.0 还赋予了用户真正的数据自主权，个人信息将成为用户自主掌控的数据资产。用户可以在数据流转和交易中真正获益，使自己的数据不再是互联网平台的免费资源。

4. Web 3.0 是立体的智能全息互联网元宇宙

超文本（hyper text）和网页浏览器（web browser）是 Web 1.0 和 Web 2.0 的关键技术。万维网服务器通过超文本标记语言（hyper text markup language, HTML），把信息组织成为图文并茂的超文本。Web 3.0 将重构互联网经济的组织形式和商业模式。Web 1.0 和 Web 2.0 以互联网平台为核心，由互联网平台组织开展信息生产与收集，通过平台连接产生网络效应，降低生产者与消费者之间的搜寻成本，优化供需匹配，因此被称为平台经济。

WWW 浏览器和服务器之间，使用超文本传输协议（hypertext transfer protocol, HTTP）来传送各种超文本页面和数据。WWW 浏览器在其图形用户界面（graphical user interface, GUI）以一种易读的方式把 HTML 文件显示出来。由此，用户可以在界面上读取或浏览 HTML 文件，并可以利用 HTML 文件附加的超文本链接标记，从一台计算机上的一个 HTML 文件跳转到网络上另一台计算机上的一个 HTML 文件。通过超文本技术连接起来的无数信息网站和网页的集合即是万维网。万维网使得全世界的人们可以史无前例地跨越地域限制相互连接，通过互联网搜索信息、浏览信息、传送信息、分享信息。但人们并不满足于此。随着信息技术的迅猛发展，新一代互联网将更加智能。

目前的信息互联网是通过标准机器语言把信息组织起来的，虽然在浏览器界面上以人类自然语言展示，但底层仍是机器语言——浏览器并不理解网页内容的真正含义。而新一代互联网不仅能够组合信息，还能像人类一样读懂信息，并以类似人类的方式进行自主学习和知识推理，从而为人类提供更加准确可靠的信息，使人与互联网的交互更加自动化、智能化和人性化。万维网发明者蒂姆·伯纳斯·李

---

① 如果一个计算系统可以模拟通用图灵机，则被称为图灵完备。

（Tim Berners Lee）于1998年提出语义网（semantic web）概念。语义网就是能够根据语义进行判断的智能网络，被认为是Web的特征之一。在万维网联盟（W3C）国际组织的推动下，语义网的体系结构和技术标准正在建设中，如RDE/RDFS、OWL、SPARQL等。

Web 3.0不仅是智能互联网，还是立体全息互联网，为用户提供前所未有的交互性以及高度的真实感与沉浸感，也是元宇宙（metaverse）的底层网络架构及技术基础。人们可以把元宇宙想象为一个实体互联。在那里，人们不再只是看客，而是置身其中的演员。为了实现这样高度的真实性与沉浸感，需要多种先进技术的支撑。

一是虚拟现实技术。为了给用户提供更加逼真、更加沉浸、更多感官体验的虚拟现实体验，Web 3.0需要包括沉浸式AR/VR（增强现实与虚拟现实）终端、脑机接口、触觉手套、触觉紧身衣等先进设备，以及虚拟化身（avatar，阿凡达）、动作捕捉、手势识别、空间感知、数字孪生等相关技术。就像电影《头号玩家》所展示的，玩家头戴VR设备，脚踩可移动基座后进入虚拟世界。在虚拟世界，每个动作都与真人的体感动作如出一辙；除了视觉和听觉外，玩家在虚拟世界还可以通过特殊材料的衣服感受到触觉。相比之下，Web 1.0和Web 2.0仅能传递视觉和听觉。

二是5G、边缘计算、云计算、AI（人工智能）、图像渲染等技术。为了传达同现实一样的交互感受，Web 3.0需要先进的高带宽网络通信技术，以使各种终端能随时随地、低延迟地接入网络。比如，通过图像渲染和AI技术，可提高用户在虚拟世界的实时拟真度，消除失真感；云计算可为用户提供顺畅无阻、即时反馈、稳定持久及虚拟共享的大规模交互与共享体验。

三是芯片。为支持海量的各种数据计算和传输，以及渲染三维（3D）的世界，Web 3.0需要极强的算力支持，而算力离不开性能强大的芯片。这是Web 3.0面临的一个重大的问题，也是亟需突破的关键。

图1.6展示了互联网迭代演进的轨迹。从Web 1.0到Web 3.0，互联网逐步演进为用户与建设者拥有并信任的互联网基础设施，演进为安全可信的价值互联网，演进为用户与建设者共建共享的新型经济系统，演进为立体的智能全息互联网元宇宙。

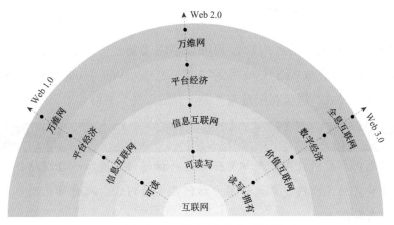

图 1.6 互联网迭代演进的轨迹

1.1.2 Web 3.0的3个特点

Web 3.0是基于区块链技术的互联网。目前众多行业在以太坊上产生的重大影响只是冰山一角，以太坊能够带来的商业创新浪潮远远超出我们想象。如果这些商业创新项目成功开发，将为保护用户隐私的新市场和商业模式铺平道路，并允许企业开发更尖端的应用程序。由此产生的基于Web 3.0的以太坊系统将在许多去中心化部门之间产生更开放、更安全的交互模式。Web 3.0有3个主要特点，如图1.7所示。

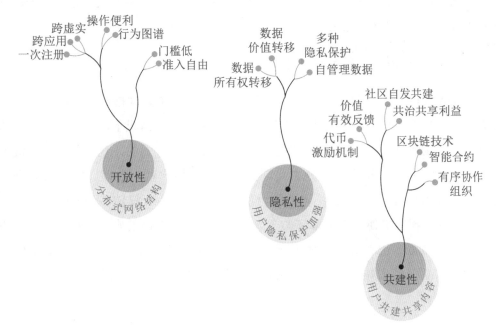

图 1.7 Web 3.0 的3个主要特点

1. 开放性——分布式网络结构

Web 3.0是开放透明的，用户行为可以不再受第三方平台的限制。跨应用平台、跨虚拟与现实地完成Web 3.0的生存方式，打破了Web 2.0时代的"围墙花园"（walled garden）模式。围墙花园是与"完全开放"的互联网相对而言的概念。

释义 1.3：围墙花园
一个控制用户对网页内容或相关服务进行访问的环境。一般围墙花园把用户限制在一个特定的范围内，只允许用户访问指定的内容，同时防止用户访问其他未被允许的内容。

Web 3.0的开放性主要体现为三点。一是用户在某个互联网应用"领域"中的准入充分自由、门槛低。例如，用户利用一个区块链账户地址，就可以登录链上的应用，无须多次重复注册，操作便利。二是用户行为不再受第三方主体限制，在互联网应用原有的所谓生态内、生态间的界限和隔阂被打破，在复合代码运行逻辑的原则下，应用之间具有高度的组合性和复合性。最直接的案例就是DeFi Lego——任何应用都可以对其底层基础协议（如DEX）做调用或聚合，合成资产平台也将现实世界资产映射到链上（无交割关系），这等于打破了所谓线上线下和虚拟与现实的界限。三是通过"跨链"协议，实现Web 3.0内部基于不同基础设施应用之间的互联互通。因此，用户在Web 3.0世界多个应用间的行为可以生成类似社交关系的图谱，进一步提升数据价值的挖掘潜力。

2. 隐私性——用户隐私保护加强

在Web 3.0时代，用户倾向于用更彻底的方式保护个人数据隐私，即实现数据所有权和价值的转移。在应用去中心化、链上数据可查的情况下，用户行为产生的数据乃至应用协议，亦需得到隐私保护。隐私保护是多方面的，包括基础区块链平台隐私保护、存储数据隐私（分布式存储）保护、用户私钥管理、匿名协议等方面。Web 3.0时代的用户数据不再归平台所有，而是将所有权转移到分散的个人身上。分散的数据网络使个人数据（如个人的健康数据、农民的农作物数据或汽车的位置和性能数据）出售或交换成为可能，与此同时，用户也不会失去对数据所有权的控制，更无须依赖第三方平台来管理数据，这都将在更大程度地保障用户的隐私。

3. 共建性——用户共建共享内容

用户在Web 2.0互联网应用中进行内容创造时，是多方面受限的，如平台审核限制、跨平台限制、社区治理方面的限制，因此也就限制了用户在创作者经济共享方面的价值获取。Web 3.0将打破这些限制，同时区块链的代币激励机制将内容经济的价值有效地反馈给创作者。此外，在合成资产、NFT等组合下，可以在非许可、无交割的前提下将传统的资产融进Web 3.0。Web 3.0的激励机制促使同一个社群的用户自发地共建、参与共治，并共享利益成果。

Web 3.0生态的建设，诸如应用、工具、协议等，都离不开协作，使用户有序协作的组织形式就叫做DAO（decentralized autonomous organization）。DAO是去中心的一种组织形式，与Web 2.0时代的公司类似，本质是对公司、政府这种组织形式的革新。Web 3.0时代，用户因共同的目标而组织起来，利用区块链技术和智能合约进行规则的制定和执行，从而保证公平的社区自我治理形式。

1.2　Web 3.0的发展历程

　　1960年互联网诞生以后，互联网技术经历了数次迭代。从门户搜索到移动互联网，再到现在的物联网概念，人们的生活因为互联网技术的发展而发生了革命性的变化。Web 3.0被认为是互联网技术的下一次革命，它的构建依托于先进的数字化技术。在了解Web 3.0时代之前，我们来了解一下互联网的发展历程。

　　万维网创始人蒂姆·伯纳斯·李（Tim Berners Lee）对Web 1.0到Web 3.0给出了一个有趣的解释：Web 1.0是Web的"可读"阶段，用户之间的互动有限；Web 2.0是Web的"可交互"阶段，用户可以在这个阶段与站点进行交互，也可以在用户之间进行交互；Web3.0是Web的"可执行"阶段，计算机可以像人类一样解释信息，然后为用户生成个性化的内容。

　　互联网始于20世纪60年代，起初，是政府研究人员共享信息的一种方式。20世纪60年代的计算机体积庞大，难以移动，为了能够使用存储在计算机中的信息，就必须前往计算机所在地或者通过传统的邮政系统邮寄计算机磁带。

　　互联网形成的另一个催化剂是冷战的升温。在苏联发射了Sputnik卫星后，美国国防部开始考虑如何在核攻击后仍然可以顺利传播信息，这促使了高级研究计划局网络（ARPANet，阿帕网）的形成。该网络最终演变成了我们现在所熟知的互联网。ARPANet取得了巨大的成功，但在最初，阿帕网仅有4个节点，分布在与美国国防部有合作的四所大学内[①]。

　　图1.8展示了万维网的诞生历程。1980年，美国国防部为所有军用计算机网络制定了传输控制协议/网际协议（TCP/IP）。1983年1月1日，TCP/IP协议成为阿帕网的标准协议，互联网由此诞生。在此之前，各种计算机网络并没有标准的相互通信的方式。TCP/IP的创立标志着不同网络上的不同类型的计算机可以相互传递信息。1991年，蒂姆·伯纳斯·李首次提到了HTML语言；1993年，实现了HTML语言的功能标准化，这标志着万维网的诞生。HTML的出现，使Web访问更加便捷，

---

① 这四所大学分别是加州大学洛杉矶分校（UCLA）、加州大学圣巴巴拉分校（UCSB）、斯坦福大学和犹他大学。

也使得互联网的普及度大幅提升。

制定TCP/IP	互联网诞生	HTML语言	万维网诞生
美国国防部军用	TCP/IP成阿帕网的标准协议	蒂姆·伯纳斯·李	实现功能标准化
1980	1983	1991	1993

图 1.8　万维网的诞生历程

1.2.1　Web 1.0 与静态互联网

为了理解"Web 3.0"的含义，我们需要回到Web 1.0时期，Web 1.0从20世纪80年代一直持续到2005年，也就是最初的万维网。它建立在开源（如Linux）、免许可开发（如个人电脑软件）和开放标准（如HTML/HTTP）之上。现有的一些大型互联网公司（如亚马逊、谷歌）就是建立在这个生态系统上，或者扩展到这个生态系统中从而获利（如微软、苹果）。在Web 1.0上做出巨大贡献的公司有网景（Netscape）、雅虎（Yahoo）和谷歌（Google）。Netscape研发出了第一个大规模商用浏览器；Yahoo的杨致远提出了互联网黄页；而Google后来居上，推出了大受欢迎的搜索服务。

在Web 1.0时期，网页是静态的，内容是由服务器的文件系统提供的。此外，这些页面没有交互性。用户无法对带有评论或喜欢的帖子做出任何"回应"。如图1.9所示，在Web 1.0时代，用户利用Web浏览器，通过门户网站单向获取内容，主要进行浏览、搜索等操作，他们只是被动地接收信息。

内容创作者　　　　　　　　　　　　　　　　用户

图 1.9　Web 1.0时期

1.2.2　Web 2.0 与平台互联网

Web 1.0的下一代互联网就是Web 2.0，即我们今天所熟知的网络。大多数Web 2.0是建立在Web 1.0技术上的，Web 2.0生态下的互联网公司建立在与Web 1.0生态相同的开放环境上，但创建了"围墙花园"生态系统以实现社交联系和内容创建。典型的例子是Meta和YouTube等社交平台，它们为社交网络和用户生成的内容创建了"围墙花园"。

如图1.10所示，此时的网络不再是静态内容，而是动态的内容，用户可以与发布在网络上的内容进行交互。由于JavaScript、HTML和CSS等技术的发明，使用户交互成为可能，这些技术使得开发人员可以构建出用户与内容进行实时交互的应用程序。Web 2.0的兴起主要是由三个核心创新层推动的，即移动、社交和云服务。

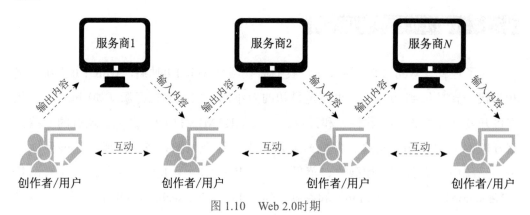

图 1.10　Web 2.0时期

苹果手机（iPhone）等智能手机的推出，以及移动互联网的接入，极大地方便了网络的使用，从台式机拨号上网转变为可以随时随地连接互联网。网络浏览器和各种移动应用程序携带在每个人的口袋里。无论是社交媒体，还是博客和播客，都基于交互来运作。这些社交网络培养用户的使用习惯，用户通过评论来参与互动，并可以轻松地与其他人分享文本、图像和音乐等内容。在Web 2.0中蓬勃发展的著名应用程序有微博、Instagram、YouTube、Meta①和微信。因此，这个网络时代也被称为"社交网络"时代。

Web 2.0作为互联网发展过渡的阶段，是具有革命性意义的，它让人们可以更多地参与到互联网的创造劳动中，特别是内容上的创造。人们在互联网创造劳动的过程中获得更多的社交认同、荣誉，包括财富和地位。正是因为更多的人参与了有价值的创造劳动，那么"要求互联网价值的重新分配"将是一种必然趋势，因而必然促成新一代互联网的产生，这就是Web 3.0。

---

① 2022 年 10 月，Facebook 正式宣布公司改名为 Meta，将业务聚焦于发展元宇宙。

1.2.3　Web 3.0新世界

Web 2.0之于Web 1.0，是互联网新生事物的成长，是技术进步；而Web 3.0之于Web 2.0，目前并不是非此即彼、逐步替代的关系，两者更像并存的平行世界，同时也需要连接。虽然Web 2.0浪潮仍在继续，但我们也看到了互联网应用程序的下一次革命性的转变，即Web 3.0。Web 3.0是一种更为彻底的颠覆，它将带领我们向开放、可信和无须许可的网络迈进一大步。Web 3.0的网络允许参与者在没有受信任第三方的情况下公开或私下进行交互。任何人（包括用户和供应商）都可以在未经管理机构授权的情况下参与。

如图1.11所示，Web 3.0是一个语义网。这意味着我们不仅可以根据关键字来搜索内容，还可以使用AI来理解网络内容的语义（即其内在含义）。这将允许机器像人类一样理解和解释信息。语义网的主要任务是使用户能够更轻松地查找、共享和组合信息。然而如今，"Web 3.0"一词已经不仅仅意味着语义网络。更确切地说，区块链爱好者使用术语"Web 3.0"来描述在一个开放的和去中心化的架构上构建应用程序的想法。

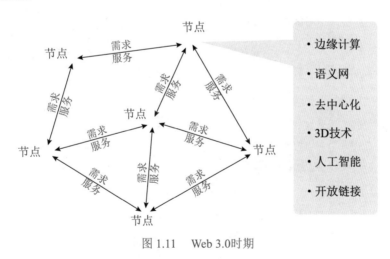

图 1.11　Web 3.0时期

图1.12对Web 1.0、Web 2.0和Web 3.0进行了时间、技术、属性、媒介、基础设施和模式的多维度比较。Web 1.0敲响了互联网用户的大门，让人们接触到现代网络技术；Web 2.0吸引人们在互联网上进行社交互动与内容创作；Web 3.0的首要目标是使互联网更加智能、自主和开放。Web 1.0是基于个人电脑（PC）端的超文本，用户在只读模式下被动地接收静态文本内容；Web 2.0是由移动、社交和云服务的出现推动的，用户在云和移动设备上通过互动内容产生连接；而Web 3.0主要建立在新的技术

层面上：加密货币、虚拟和增强现实、边缘计算、分布式数据网络及人工智能等，在新技术的推动下，Web 3.0是一个为人民服务、为人民所有的互联网。

	Web 1.0	Web 2.0	Web 3.0
时 间	1991—2004	2004至今	2014—未来
技 术	HTML/ASP/PHP	HTML5/JS/RSS	Blockchain/OWL
属 性	超文本	社交网络	语义网
媒 介	静态文本	互动内容	虚拟经济
基础设施	PC端	云和移动设备	区块链
模 式	只读	可交互	智能化执行

图 1.12　Web 1.0、Web 2.0和Web 3.0的比较

1.3　Web 3.0的基础设施

新兴产业的繁荣发展离不开夯实的地基，基础设施是发展的必要条件。就像PC互联网以Windows系统普及、移动互联网发展以iPhone等智能终端和iOS及安卓等操作系统普及为开端一样，Web 3.0的发展也离不开基础设施的建立与普及。Web 3.0的基础设施包括区块链、智能合约、DAO、代币等，虽然它们目前处于发展早期阶段，但作为一套新秩序，框架已然清晰，这将是未来应用生态开始演进的基础。

1.3.1　区块链：底层架构

相比于传统的网络，区块链（blockchain）拥有去中心化和高安全性的核心特点，是Web 3.0的底层架构。区块链是指由一个个区块连接在一起组成的链条，每一个区块中保存了一定的信息，并按照各自产生的时间顺序连接而成。每一个区块都包含了前一个区块的哈希（hash）值，从而保证连接的精准性。整个链条被保存在所有节点中，系统中的服务器为整个区块链系统提供存储空间和算力支持。并且，区块链上的任何一个网络节点都存储着一样的数据，任何一个节点对文件修改（比如交易）都需要半数以上的节点确认同意（consensus），信息一旦发生变动，链上的其他人都会知道，因此篡改区块链中的信息是一件极其困难的事，理论上节点的数量越多，去中心化程度就越高。

区块链基于密码学的设计，提供了一种新的合作形式——在区块链中，人与人的交易活动被记录在一个不可篡改的公开账本中，从而使得交易活动可以在零信任、没有第三方干涉的条件下与陌生人展开可信的合作。

如图1.13所示，根据去中心化程度，区块链可以被分为三类，分别是公链、联盟链以及私链。在公链下，任何人都可以加入网络及写入和访问数据，任何人在任何地理位置都可以参与共识；在联盟链下，只有授权公司和组织才能加入网络参与共识，写入及查询数据都可以通过授权控制，可实名参与过程并满足监管AML/KYC①；

---

① AML：anti-money laundering，反洗钱。KYC：know your customer，了解客户，是金融机构用来收集和验证其平台用户身份的必要程序。

在私链下，使用范围控制在公司内部，可改善审计性，但不完全解决信任问题。

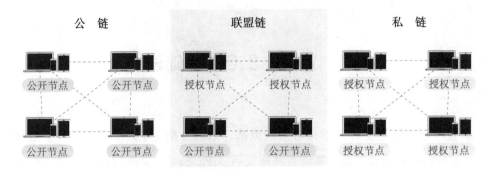

图1.13 去中心化由高到低的程度示例：公链、联盟链和私链

公链是任何人都有权限读取、发送获得有效确认的共识区块链，因此公链通常被认为是"完全去中心化"的，其无须注册、授权便可匿名访问网络，具有中立、开放、不可篡改等特点。最早的公链是比特币（采用PoW[①]共识机制），除此以外，知名公链项目有Ethereum（PoW，后续会改为 PoS[②]）、Binance（PoA[③]）、Solana（PoS、PoH[④]）、FTX（PoS）等。公链一般会通过项目本身的代币（Token）来鼓励参与者竞争记账，来确保数据的安全性。

公链的作用在于为应用提供了平台，降低了应用开发门槛，为开发去中心化应用提供了底层的模板。不是所有应用都能够或者有必要去构建一个自己的区块链（要有足够数量节点才能保证安全性），而公链则类似于一种平台性的产品，支持任何人在平台中建立和使用通过区块链技术运行的去中心化应用，允许用户按照自己的意愿创建复杂的操作。由于不同公链在性能设计、共识机制、营销策略等方面有差异，不同应用在选择公链落脚时需要考虑交易费率、交易效率（如TPS[⑤]）、便捷度（如跨链协议）、生态成熟度等情况。

1.3.2 智能合约：撮合和担保

为解决一众陌生人如何在虚拟环境中达成合作这个问题，传统模式通过中介平台撮合和担保来实现，而Web 3.0时代可以通过基于算法的智能合约（smart contract）来实现。

智能合约（smart contract）是满足特定条件下在区块链上执行代码的程序，其

---

① PoW：proof of work，工作量证明。
② PoS：proof of stock，权益证明。
③ PoA：proof of activity，活动量证明。
④ PoH：proof of history，历史证明。
⑤ TPS：transaction per second，交易效率。

本质是一系列代码的合集，具有自动化、不可逆转性、代码公开透明性等特点。各方以数字签署合同的方式准许并维护其运行，用于自动完成某些特定的功能，如汇款、买卖虚拟NFT商品等。智能合约可以看作一台自动售货机，像一个执行某种功能的"程序黑盒"——用户扫码付钱，选择商品，然后拿走商品，完成购买。

相较于传统中介平台，智能合约可显著降低达成一致意见和操作的成本，允许区块链在没有中介的情况下进行可信交易，某种程度上具备替代律师、中介等职业的可能性。但其安全性仍要持续加强，其功能依附于代码，如果代码本身存在错误，有可能导致被黑客攻击，典型例子为"The DAO被攻击事件"——黑客发现了以太坊智能合约中代码的漏洞，盗取大量ETH，最终以太坊只能采用硬分叉来尽力保护用户资产。

1.3.3　DAD：组织形式

DAO（decentralized autonomous organizations）是去中心化组织的一种组织形式，与Web 2.0时代的公司类似，本质是对公司、政府这种组织形式的革新。Web 3.0生态下，用户因共同的目标而组织起来，利用区块链技术和智能合约程序进行规则的制定和执行，从而保证公平的社区自我治理形式。图1.14对比介绍了传统组织架构和去中心化自治组织DAO。图1.14（a）为传统自上而下的组织架构，多层级管理组织导致许多信息和决策都卡在了金字塔的瓶颈处，容易引发危机，其特征有以下几个：①只有一个法人主体；②需要签署劳动合同；③薪酬作为工作激励机制。图1.14（b）为去中心化自治组织DAO，其以算法（智能合约）的形式运行管理条例，自动化实施内部政策，共识条款和智能合约是其核心治理体系，特征有以下几点：①没有中心化法人主体；②算法推动合约的运行；③Token作为建设的激励机制。

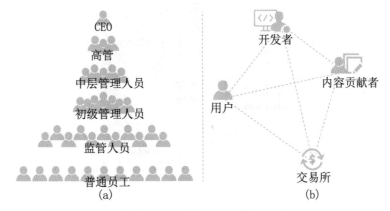

图 1.14　传统组织架构和去中心化自治组织 DAO

在DAO社区中决策机制通常分为链上和链下，智能合约只能执行现有代码，而

DAO需要持续更新，这背后就需要一套决策机制，持续更新DAO的运行规则。

链上决策就是由成员提出议案，社区进行投票表决。按照区块链的性质，理论上链上决策才是唯一的路径，然而链上决策效率太低，需要经过区块链大部分节点同意，同时因为投票权掌握在Token更多的成员手中，容易引发中心化问题（本来是去中心化的，但是Token持有的份额导致了中心化）。针对链上决策效率低的问题，有时成员会进行链下决策——在其他社交平台充分讨论议案后进行决策，但缺点是讨论本身也可以被利益人引导。作为一种完整的组织形式，DAO内部存在相对应的财政和货币政策。财政政策通常与代币的总供给相关，货币政策通常与交易成本挂钩，而交易成本通常由主链TPS决定。

1.3.4 代币：权益载体

代币（Token）是区块链权益载体的基础单位，也是Web 3.0的"原子"单位。区块链的机制是把人与人的互动记录在一个不可篡改的公开账本中，但记账是有成本的，为了激励用户，记账的人可以获得代币作为奖励。

Token是一种所有权的象征，而这种象征可以代表资产、权力等。即使是在区块链上，也只有通证才可以被确权和管理，一般的数据仍然无法享受到同等的待遇。用户如果想让自己的数字权益得到确认和保护，必须将其通证化，除此之外别无他法。

资产型Token可分为证券型Token、集体所有权Token和代表艺术收藏品的Token（如NFT），如图1.15所示。

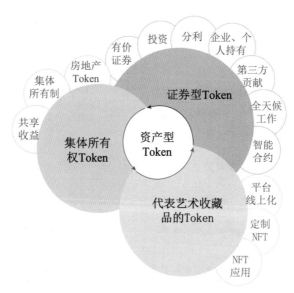

图 1.15　资产型Token 的分类及应用

证券型Token基本等同于有价证券，每周7天，每天24小时，全天候工作，是否合规①由智能合约来执行，其特征有以下几个：①是一种投资；②目的为分享利润；③由企业或个人持有；④持有利润来自第三方贡献。

在美国，发行证券型Token需要接受美国证券交易委员会（Securities and Exchange Commission，SEC）的监管。只有通过豪威测试（howey test）的Token才能被认定证券代币（security token），否则，被归为效用代币（utility token）。豪威测试是一种判断交易是否构成证券发行标准的准则，其通常包含以下4个条件：①有资金投入（an investment of money）；②投资于共同事业（in a common enterprise）；③具有收益预期（with the expectation of profit）；④不直接参与经营，交易包含发起人或第三方（to be derived from the efforts of others）。

集体所有权Token的典型案例如房地产Token，任何资产在被代币化后可以变成集体所有制，投资者可以分享相应底层资产的收益。艺术收藏品是NFT目前最大的应用场景之一，线下的艺术收藏品也可以通过Oracle等平台线上化，一些数字产品也可以被制作成NFT。

---

① 合规是指商业银行的经营活动与法律、规则和准则相一致。

1.4 Web 3.0的多元应用

　　未来在底层技术、社交、游戏、投资、支付、娱乐、创作、教育等诸多领域，Web 3.0都有可升级的应用空间。据媒体不完全统计，仅2022年上半年，与Web 3.0相关的新建投资基金有107支，总金额达399亿美元。除加密风险投资机构a16z、Paradigm外，红杉资本、高盛、IDG、高瓴等也在争相布局。2022年1月1日至2022年4月26日，著名风险投资公司红杉资本以约每周投资一家的速度，共投资了17家Web 3.0公司。在Web 3.0行业里，有些产品已经具备国民级手机应用产品的"雏形"，比如MetaMask（去中心化的支付宝）、STEPN（去中心化的KEEP）、Audius（去中心化的QQ音乐）、Braintrust（Web 3.0版本的BOSS直聘）、OpenSea等，上千款互联网产品已经被创业者们搬上了Web 3.0。图1.16、图1.17展示了Web 3.0的场景应用，2022年的Web 3.0企业可以分为功能类领域企业和金融类领域企业。

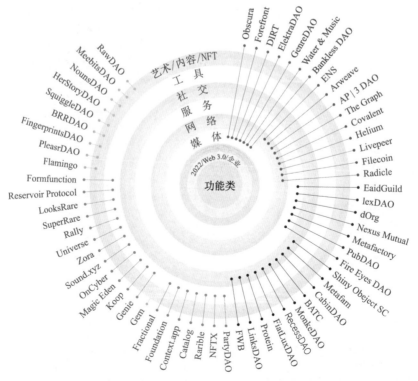

图 1.16　2022年Web 3.0功能类领域企业

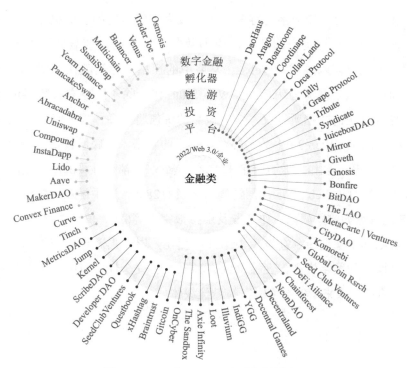

图 1.17　2022年Web 3.0金融类领域企业

图1.16中，黄色线条代表艺术/内容/NFT类，绿色线条代表工具类，紫色线条代表社交类，红色线条代表服务类，蓝色线条代表网络类，橙色线条代表媒体类。

图1.17中，黄色线条代表数字金融类，紫色线条代表孵化器类，红色线条代表链游类，蓝色线条代表投资类，橙色线条代表平台类。

可以看出，Web 3.0是全新的价值互联网体系，不仅可以继承Web 1.0和Web 2.0原有的应用生态，并在其基础上进行个人拥有数据自主权的进一步升级。另外，Web 3.0将创造出原先Web 1.0和Web 2.0中没有出现过的应用领域，例如目前元宇宙中出现的雏形都将在Web 3.0得以快速发展。

举例来说，在Web 2.0中，文化艺术领域已经积攒了大量的优质IP（知识产权），但这些IP红利始终是企业获利的资产，而创作者和用户不能有效分享IP市场发展的长期红利。同时，在元宇宙时代，来自物理世界的物质性约束越来越少，创意可能是唯一的稀缺资源。因此，元宇宙时代将是数字文化大发展、大繁荣、主流化的时代。在这个过程中，IP或将成为元宇宙中一切产业的灵魂。元宇宙是一个完整的生态空间，除了必备的技术之外，以IP为代表的创意将成为元宇宙中数字商品最重要的属性。

Web 3.0中基于区块链技术的NFT（非同质化代币，用于表示数字资产的唯一加密货币令牌），就可以使数字内容资产化，成为赋能万物的价值机器，成为连接现实世界资产和数字世界资产的桥梁，成为数字新世界的价值载体。通过区块链技术，既解决了文化艺术领域在Web 2.0发展中的桎梏，也为其在元宇宙中打开了新的发展空间。以数字藏品为例，到了Web 3.0时代，除了能建立独特标识外，用户还可以享受到真正的数据所有权，数字藏品的价值将更多体现在身份象征和资产媒介上。这样的例子在Web 3.0中数不胜数。不远的将来，在底层技术、社交、游戏、投资、支付、娱乐、创作、教育等诸多领域，Web 3.0都有升级的应用空间。根据甲子光年统计，2021年Web 3.0应用层泛娱乐融资有28起，其中游戏领域16起，社交领域6起，其他领域如实景娱乐、IP开发及虚拟数字人等6起。值得注意的是，Web 3.0中的经济规则和商业逻辑都会发生根本性的变化，财富形态也将产生翻天覆地的变化。基于区块链的数字资产，在流动性、独立性、安全性、可编程性上具备广阔的应用潜力，将成为未来十年数字财富的最佳载体。

1.5 面向元宇宙的Web 3.0

当下大家理解的Web 3.0，是基于Web 1.0和Web 2.0在互联网技术上的升级版本，其主要技术是互联网信息技术。而元宇宙是全方位应用场景和生活方式的升级，是在PC互联网和移动互联网之上更高维度的数字化空间。这个数字化空间发展的动力来源就是将5G、云计算、分布式存储、人工智能、大数据、物联网、数字孪生、虚拟现实、区块链技术进行集成创新与融合应用。也就是说，Web 3.0是元宇宙发展的底层技术，元宇宙是Web 3.0的应用展现。

即将到来的Web 3.0浪潮，将极大地突破Web 2.0的技术局限，从现有互联网（Web 2.0）到Web 3.0的过渡将是一个长达数十年的过程。Web 3.0将使用高效的机器学习算法，以加密方式连接来自个人、公司和机器的数据，实现丰富交互和全球范围内可用的交易模式，助力元宇宙世界的发展，解决元宇宙所面临的人类历史上最大的持续计算需求难题。

Web 3.0生态本质上是吸收区块链技术的引擎。每个新的区块链概念都会立即被识别并集成到Web 3.0中，这将为元宇宙产品提供动力。尽管传统公链仍然是Web 3.0生态的核心，但在去中心化金融（DeFi）和非同质代币（NFT）等技术创新的背景下，区块链技术使这两个术语有了更多的交集。图1.18展示了Web 3.0与元宇宙的技术对比。

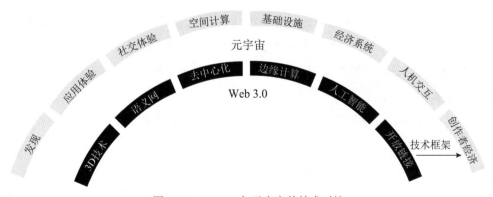

图 1.18　Web 3.0与元宇宙的技术对比

可以看出，Web 3.0的技术包括3D技术、语义网、去中心化、边缘计算、人工智能和开放链接；元宇宙既需要Web 3.0的技术，也需要发现、应用体验、社交体验、

空间计算、基础设施、经济系统、人机交互、创作者经济等技术，其中创作者经济以
Web 3.0为技术框架。

很多人会混淆元宇宙与Web 3.0的概念。元宇宙作为现实世界的映射，是一个结
合了技术、生态及参与者体验的完整的虚拟世界。而Web 3.0依托于区块链技术，是
一种更加开放的互联网革新的成果。Web 3.0为元宇宙的搭建提供了基础的互联网技
术生态。图1.19对比分析了Web 3.0与元宇宙的关系：从发展历程的角度看，元宇宙
的终极形态是Web 3.0发展成熟之后的下一个阶段；从生态体系的角度来看，Web 3.0
是元宇宙生态中的一部分；从技术体系角度来看，Web 3.0是元宇宙的技术基石。

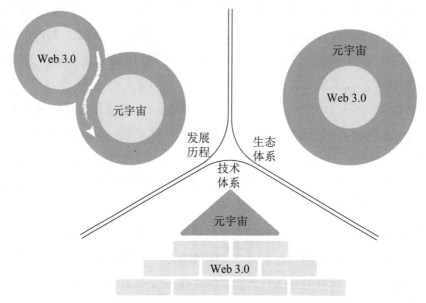

图 1.19　Web 3.0与元宇宙的关系

Web 3.0时代意味着互联网访问将是无处不在的——跨地区、跨网络和跨设备。
目前，我们主要使用PC和智能手机进行网络连接。未来，通过在可穿戴设备、智能
设备、AR/VR设备、物联网接口及智能汽车等领域提供Web 3.0的方式，互联网的使
用范围将爆炸式扩张。

Web 3.0生态在元宇宙世界中主要体现在三个方面，即去中心化、AI和3D技术以
及创作者经济。

1. 去中心化

Web 3.0将基于去中心化的网络架构。现在的互联网被少数技术巨头和企业以压
倒性的力量控制着，他们充当数据和算法的守门人。而新的互联网基于完全开源的

架构，不受单个或一类组织的控制，并将通过区块链架构完全去中心化。任何人都可以不受任何限制地使用、修改和扩展互联网数据。这是 Web 3.0 直到最近才变得可行的主要原因之一，用户、创作者和每个在线实体都将通过专门协议存在于去中心化的互联网生态中。

2. AI 和 3D 技术

AI 及 3D 技术可以帮助用户在虚拟空间中表达自己，通过可交互操作的框架将用户的化身带入元宇宙，其中的游戏、音乐、戏剧和许多其他应用程序的新型在线体验将重新组合自我表达方式。为了在最广泛的应用程序中实现这一点，需要一个可交互操作的虚拟身份及高度拟真的空间环境，而 AI 和 3D 技术是实现这些的核心技术，在 Web 3.0 时代这些技术将得到更大的发展空间。

3. 创作者经济

Web 3.0 为下一代 play-to-earn（P2E，边玩边赚）提供了创意框架。近年来，很多人通过电子竞技、直播或其他形式的游戏来赚钱，数以万计的玩家渴望将他们的爱好变成谋生手段。

Web 3.0 的目标是在创作者经济中取得更好的平衡。目前，关于在线创作者如何获得报酬的机制很少，用户激励的概念也不明确。例如，用户可能会因为愿意分享他们的数据而获得代币或加密货币的奖励。这种明确的激励措施将成为 Web 3.0 体验的重要组成部分。

第2章
Web 3.0的基础技术栈

技术栈已成为程序开发中必不可少的一部分。由于用户的访问设备数量增加以及数据处理量的增长，技术栈的组件也随之增加。想要实现Web 3.0所构建的愿景自然需要一系列技术组成的技术栈作为支撑。

　　如图2.1所示，Web 3.0的技术可分为6个等级。最表面的一层就是应用层面的各种分布式软件（DApp）。组成这些交互应用的正是各个软件的组合，如AI、操作系统等。支撑软件的则是各种设备，比如手机、电脑、VR/AR/MR（虚拟现实/增强现实/混合现实）设备等。这些设备之下就是建立在区块链基础上的各种互联网协议和网络协议。Web 3.0所依赖的基建层位于技术栈的最底层。在本章中我们将介绍Web 3.0最重要的几种技术：机器学习、边缘计算、数据存储、应用程序接口（API）和3D呈现技术。

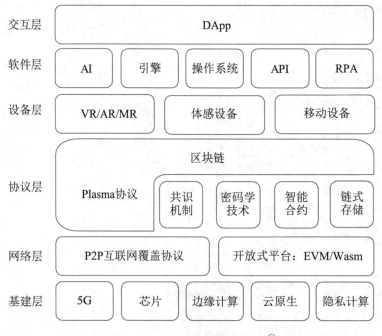

图 2.1　Web 3.0技术的6个等级①

---

① API，application programming interface，应用程序接口；RPA，robotic process automation，机器人流程自动化。

2.1　机器学习：Web 3.0的基础技术

以机器学习为代表的人工智能技术是计算机科学的一个重要分支，是数据科学领域近年重要的一个发展方向。它的重点是使用数据和算法来模拟人类学习，逐步提高预测的准确性。机器学习通过统计方法和算法揭示数据挖掘项目中的关键趋势，帮助人们进行决策。Web 3.0中有大量的数据需要处理，有复杂的问题需要决策，这些都离不开机器学习技术。

2.1.1　机器人流程自动化

在生活中，人们从事的大量工作是流水线式的重复性劳动，程序也是如此。为了减少重复性的工作，减少人力的消耗，机器人流程自动化（RPA）通常会被作为一种替代的手段。RPA是以机器人软件和人工智能为基础的业务过程自动化技术。RPA利用低代码开发和拖放系统在软件中利用机器人来自动执行重复性的软件任务，为企业和个人创建一个完整的工作流程。市面上通常有两种不同的RPA，也就是无人值守RPA和机器人桌面自动化。

> **释义 2.2：机器人流程自动化**
>
> 以机器人软件和人工智能为基础的业务过程自动化技术。

一种较为基础的自动化方式是无人值守RPA。"无人值守"在这里并不代表这个程序不需要任何人就能自主运行，虽然大部分时间里无人值守RPA只在后台运行，但在特殊时刻（如程序出错、程序遇到无法理解的问题等）下，人工进行干预还是必要的。

与无人值守RPA相比，机器人桌面自动化（robotic desktop automation, RDA）则是一种特殊的RPA，一种帮助人力来完成对应任务的自动化程序。以现在的酒店入住退住软件为例，入住软件已经包含了整个入住的流程和流程每一步的代码。当客人入住的时候，酒店的员工不再需要进行烦琐的文书工作，只需要按几下手指就可以用已经写好的代码帮助客人完成入住。和无人值守RPA不同，RDA必须由人工操作来完成。

RPA的实施一般分为4个步骤：决定功能、确定过程、执行代码、后期维护。图2.2给出了RPA的实施过程。

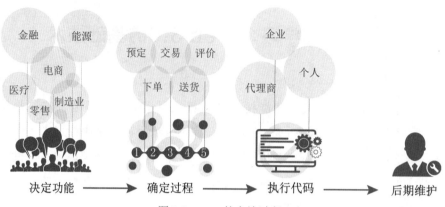

图 2.2 　RPA 的实施过程

（1）决定功能。目前，RPA所能承载的功能仍然是有限的。如果为RPA赋予的功能超过实际功能，就会造成RPA在实施中的失败，导致修改功能时间冗长。因此一旦决定要使用RPA，就应该首先决定RPA需要负责的功能到底有哪些。

（2）确定过程。人类社会中有许多不成文的规则，很显然机器理解不了，这为RPA的应用增加了难度。假如公司故意延迟几天提交材料，机器人也就会自然地模仿这一过程。为了避免以上可能出现的问题，在让RPA落地前，必须要将相关的过程进行完全的标准化和统一化。

（3）执行代码。机器人所执行的代码通常是重复的简单劳动，因此写代码在RPA的实施中反而是比较简单的一步。企业可以自己写代码或者联系其他代码服务商来完成这一步骤，企业主要考虑的是应用无人值守RPA还是应用RDA。

（4）后期维护。RPA的维护管理是一大难题。如果决定自行编写RPA程序，那么组建一个负责维护的团队是必不可少的。不管是解决RPA可能出现的任何错误，还是在未来对RPA功能进行拓展，维护团队都能发挥作用。

2.1.2　人工智能技术

人工智能一词的使用比较普遍，因此不同的人对它有着不同的理解。一个相对标准的说法是"人工智能是关于智能主体的研究与设计的学问"，其中"智能主体"是指一个可以观察周遭环境并做出行动以实现某个目标的系统。

> **释义 2.3：人工智能**
>
> 人工智能是关于智能主体的研究与设计的学问。

"人工智能技术使机器能够从经验中学习并执行各种任务。"这个概念于1956年首次提出，但直到近十年才掀起AI热潮。在各种应用场景中，人工智能都体现了卓越的性能，包括自然语言处理（natural language Processing，NLP）、计算机视觉（computer vision，CV）和推荐系统（recommender system，RS）。通俗地说，我们可以简单地认为人工智能就是机器学习。人类让机器学习数据，利用机器学习的知识解决某个具体问题。21世纪以来，机器学习技术已经在很多领域展现远超人类计算和统计的效果。

得益于超强算力的支持，机器学习技术所采用的模型变得更加复杂——从回归分析到深度学习，从监督或无监督学习到强化学习。典型的监督学习算法包括线性回归、随机森林和决策树；无监督学习算法主要有K-means、主成分分析（PCA）和奇异值分解（SVD）；而流行的强化学习（reinforcement learning）算法包括Q-learning、Sarsa和策略梯度等。这些算法在计算机视觉、语音识别、机器翻译、机器写作等领域表现出了惊人的性能，很多应用已经得到市场的认可。在相对较短的时间内，这些神经网络的规模有了惊人的增长。

2.1.3　RPA 与 AI 技术的区别与联系

许多人都在比较RPA与AI技术发挥的作用，但两者其实是完全不同的技术。RPA和AI技术之间的本质区别在于AI技术是对人类智能的模仿，而RPA只是单纯地模拟人类的行动。AI是由数据驱动的，RPA是由过程驱动的。RPA只会严格遵循代码所设定的逻辑，AI技术却能根据环境和情况来进行自身的机器学习和深度学习。

许多人尝试将RPA和AI技术结合起来，以扬长补短。有了AI技术的帮助，机器学习可以用于教导RPA如何更有效地利用数据，模拟人的学习概念，通过AI技术实现分类、关联、优化、分组、预测、识别等RPA无法实现的操作。最重要的一点是AI技术可以把非结构化的数据转化为结构化的数据供RPA分析，这就是认知机器人流程自动化（cognitive robotic process automation, CRPA）。CRPA可以处理许多不规则的数据源，如扫描文件、邮件、录音等，处理的方式不再局限于传统RPA极其死板而流程化的回应方式。

近几年著名的应用CRPA的例子就是改良互动式语音应答（interactive voice

response，IVR）。曾经的语音问答程序由于其繁杂的对话流程和太多无效步骤而饱受客户的诟病，但有了CRPA后，语音问答程序就可以通过AI技术进行学习，根据回答者的答案做出不同的反应，大大地改善了使用者的体验。NLP和文本分析的加入可以将不规则的数据转化为规则的数据，让CRPA运行的效率进一步提高。语义识别的大致流程可以参考图2.3。

图 2.3　认知机器人流程自动化的语义识别

现在市面上有许多软件能够提供服务，比如UiPath旗下的软件就允许个人用户自己创建自动化流程的工具。在它的工具包中包含一些人工智能技术或算法模块，包括图像和字符识别、优化、分类和信息提取等。除了UiPath以外，Kofax、Automaion Anywhere、Winautomation、Assistedge、Automagica等软件都提供RPA与AI合作的软件解决方案。

机器学习技术的发展，尤其是AI技术的发展对Web 3.0有着跨时代的作用。AI可以为区块链创建额外的安全层，甚至可以预判欺诈行为，阻止黑客攻击，从而为开放式金融创造一个安全的环境。在RPA的帮助下，AI可以帮助DApp的开发编译，为用户提供完整的模块。用户不需要进行深度的开发，只要点点手指将模块堆放就能搭建一个高完成度的DApp。AI可以保护互联网协议不被人为破坏，真正意义上做一个绝对公正的裁决者。

2.2　边缘计算：Web 3.0的分布架构

在计算机发展的早期，数据处理是非常具有挑战性的问题。在互联网发明之前，一台电脑只能依靠本地硬件来完成一切操作。随着互联网的诞生和技术的迭代，云计算的出现和发展改变了数据处理和存储的方式。人们发现可以把服务器放在一起来提供资源的存储。这种情况下，就不需要占用计算机大量内存，通过互联网就可以获取并处理资源。同时，集中式的服务器带来了若干新问题，例如数据安全上存在巨大隐患，数据量过大而造成的延迟等问题。当人们对应用功能的响应速度有了更高要求的时候，有学者提议将服务器分散到互联网的各个节点上，探索在网络流量通过的节点上执行计算的可能性，这就是边缘计算最初的理念。

边缘计算的起源可以追溯到20世纪90年代，当时互联网之父蒂姆·伯纳斯·李的公司Akamai提出了内容分发网络（content delivery network，CDN）这一概念。CDN试图通过在地理位置上距离最终用户更近的位置引入节点来传输图像和缓存视频。之后，诸多科技公司发现了边缘计算的应用有着巨大的发展前景，亚马逊、微软、华为等科技巨头为了提升企业在智能制造领域的能力，纷纷将公有云服务能力向边缘侧扩展，加大了对边缘计算的研发投入。企业的纷纷涌入进一步促进了边缘计算技术的发展和落地。

> **释义 2.4：内容分发网络**
>
> 　　内容分发网络是一种通过在网络各处放置节点服务器所构成的在现有互联网基础之上的一层智能虚拟网络。

2.2.1　什么是云计算

云计算（cloud computing）在分布式处理数据框架的历史上写下了浓墨重彩的一笔。2006年处于Web 2.0时代的开端，网络用户希望能获得更加便捷的资源处理方式。谷歌公司的CEO埃里克·施密特在那年提出了"云计算"这一概念，他说："设想一下在服务器上处理数据的架构。我们将其称为云计算平台，服务器应该在某处'云'中。只要你有合适的浏览方式，那么无论你用什么设备，你都可以访问'云'。"

> **释义 2.5：云计算**
>
> 一种通过计算机网络形成的计算能力极强的系统，可在云端服务器存储、集合相关资源，并能够以个性化服务的方式按需配置计算资源①。

这段发言就此揭开了互联网服务器分布化的浪潮。云计算通过网络"云"，将巨大的数据程序分解成若干小程序，随后使用服务器组成的系统来处理分析，最终将结果返回给使用者。云计算可以在很短的时间内完成数据处理，达到强大的网络服务。云计算主要包含以下5个特点。

一是资源集中。云计算供应商通过资源集中来建立大规模经济，把许多服务器和硬盘整合成一个庞大网络。供应商给所有服务器相同的配置，分配相同的工作。

二是虚拟化。由于服务器不在线下，用户不需要关心硬件的物理状态，也不需要担心硬件的兼容性。

三是具有可扩展性。用户只需点几下鼠标就能增加更多硬盘空间。云计算也提供地理意义上的可扩展性——任何人都可以选择将数据复制到世界各地。

四是自动部署。用户只需选择所需资源的类型和规格，去计算供应商就将自动配置并发送对应的资源。

五是计量计费。用户只对他们使用的东西付费。

云计算的供应商通常分为三种：基础设施即服务（IaaS）、平台即服务（PaaS）和软件即服务（SaaS）。IaaS为用户提供硬件和基本的软件在虚拟服务器上进行自由的开发；PaaS在IaaS的基础上提供了现成的框架和数据库，用户只需要专注于软件的开发即可；SaaS相比于PaaS更进一步将软件也开发完成，用户可以直接通过注册SaaS的账号来进行软件内的操作。图2.4简单介绍了云计算的特点和供应商类型。本书的第6章会重点介绍SaaS的应用。

---

① 计算资源（resource on the computation）：计算复杂性理论的一个术语。在 IT 行业，计算资源一般指计算机程序运行时所需的 CPU 资源、内存资源、硬盘资源和网络资源。

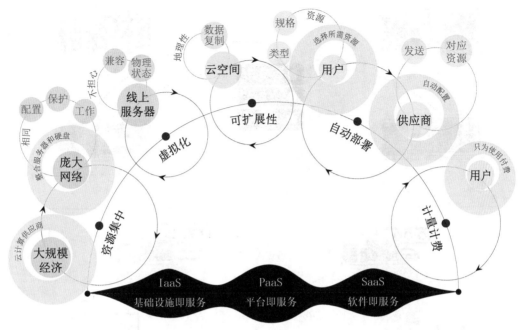

图 2.4　云计算特点和供应商类型

2.2.2　从云计算到边缘计算

边缘计算诞生于云计算这一概念基础上。边缘计算将本来负责处理一切数据的中央服务器功能下放到各个边缘设备中，克服了云计算的一些缺点。这里的边缘设备指代的就是普通的电脑和手机。他们在传统的云计算结构中是数据的生产者，但在边缘计算的概念下这些生产者会兼具数据处理的功能。不仅如此，为了尽可能地缓解流量拥堵的问题，这些边缘设备会被安排在更接近用户终端装置的边缘节点，以加快资料的出入和处理。2016年，欧洲电信标准化协会（European Telecommunications Standards Institute，ETSI）正式提出了多接入边缘计算（multi-access edge computing）的概念。多接入边缘计算可以人为在网络边缘运行，并实时或近实时执行特定任务。这些任务不会在集中式基础设施中处理，而是在更接近最终用户的边缘处理器进行处理，以支持拥有独特连接特性的应用程序和服务。图2.5给出了云计算与边缘计算的比较。

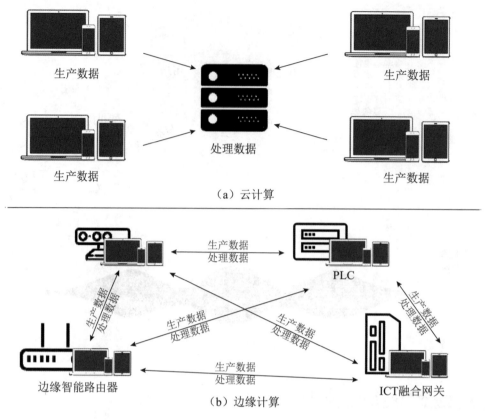

图 2.5　云计算与边缘计算[①]

　　除了多接入边缘计算的概念外，世界上一些公司和机构还提出了与边缘计算不同的架构体系。比如由美国卡耐基梅隆大学发起、受到英特尔支持的"微云"概念。"微云"概念比起多接入边缘计算更青睐"移动"的理念。微云不仅能布置在普通的边缘设备上，还能直接在车辆、飞机等交通载具上布置使用，物联网链接也得到极大的增强。又如思科公司在2011年提出了"雾计算"的结构，雾计算在终端设备和云端数据中心之间再加上了一层网络边缘层（也就是"雾层"），不把一部分数据提交到云端，而是在这一层直接处理。雾层可以是传统的网络设备，也可以是新增的服务器。雾层的存在大大减少了云端的计算存储压力，提高了效率。相较于边缘计算中只能单向通信，每个雾层之间的通信做了大幅度改善，雾层之间可以进行完全的实时通信。世界上还要许多企业和组织提出了不同的边缘计算架构。未来也许会出现更多架构，促进人类科技的发展进步。

---

① PLC，programmable logic controller，可编程逻辑控制器；ICT，information and communications technology，信息与通信技术。

2.2.3　边缘计算在Web 3.0下的应用

边缘计算目前已经在视频传输、AR/VR、物联网、车联网等若干领域有了众多应用。它的分布式特征和区块链是绝佳组合。如果能把区块链放置在边缘节点中，就可以极大地扩大传输数据量的上限，缩短数据传输的时间，降低数据处理的延迟。目前，边缘计算在Web 3.0下的应用通常包含网络安全和身份识别两方面。

第一，边缘计算对于Web 3.0的一大帮助就在于利用分布式的数据处理来更好地保护数据安全。2021年，北京邮电大学的张锦南教授提出了一种基于区块链的分配策略来防止拒绝服务攻击。这种分配策略在个人的网络环境中用API和网络认证来搭建一个受信任的边缘平台，随后所有需要和外部区块链节点发生交互的操作都需要通过这个平台进行。这种分配策略虽然有大约25到183毫秒的延迟，但考虑到安全问题，这种分配策略显然在数据安全和保护上有着更强的优势。

第二，分布式的数据在面对黑客攻击时天然具有高防护性的特点，利用边缘计算技术建立强大的身份认证体系就成了另一个构筑Web 3.0体系的重要应用。2020年，曹舒雅等人就提出使用附在区块链上的边缘计算来为工厂提供身份认证服务。在这个体系中，每个区块链节点都存储着相关身份信息。当有人提出身份认证的请求后，各个区块链就会同时进行相同的身份认证过程：终端阅读器首先向电子标签提出请求，随后电子标签通过阅读器的请求；在这之后终端才向区块链节点发出数据交互请求，区块链节点随后向终端发送数据，并同时发送数据给电子标签进行验证。在每一个过程中都会生成一个时间戳，如果任何一个步骤中的时间戳无法对应，访问请求就会立刻中止。这种认证体系的优点在于，它不仅有着非常低的计算成本和存储成本，更能通过多次反复验证来阻挡服务器欺骗攻击。

2.3　分布式数据库：Web 3.0的存储方式

计算机诞生后，人们越来越需要一种用来存储计算机内数据的载体。在计算机发展史的早期，人们用"打孔卡"这样一种形式来输入、输出和数据存储。20世纪70年代，数据库正式进入人们的视野。数据库指的是以一种有组织的方式存储在计算机内的数据集合。同传统的平面文件相比，数据库具有安全性、数据独立性、可恢复性等特性，同时还具备中央数据管理的能力。Web 3.0的发展离不开数据库的进步。本节将介绍数据库的早期发展和P2P（对等网络）数据库这种前沿的数据存储形式。

2.3.1　P2P 的理念

对等网络（peer-to-peer，P2P）是一种分布式网络结构。这种网络结构允许参与连接的每个用户共享一部分资源。用户在访问内容时不需要经过一个中央节点而是直接与分布式节点连接。1999年，美国大学生肖恩·范宁创建的音乐共享服务器Napster标志着P2P的诞生。Napster采用了一个集中式索引服务器，用户可以根据歌曲标题或艺术家姓名进行搜索。如果索引在当前连接到网络的任何其他计算机的硬盘上找到歌曲，用户就可以直接从别人的计算机上下载个人副本；同时用户也可以提供自己计算机内的文件来响应其他用户的搜索。在P2P理念下，数百万互联网用户连接组成搜索引擎、虚拟超级计算机和文件系统。

> **释义 2.6：对等网络（P2P）**
>
> 一种在对等者（peer）之间分配任务和工作负载的分布式应用架构，是对等计算模型在应用层形成的一种组网或网络形式。

Napster虽然在2001年因为侵权被迫下架，但P2P的理念却被继承了下来。现如今，无论是互联网金融还是区块链的背后都有着P2P理念的影子。2005年，P2P借贷在英国出现，随后以此为基础的P2P金融在全世界范围内掀起了一股新的浪潮，数不清的P2P借贷平台出现在世界各地。改进后的P2P既可以充当服务器为其他节点提供服务，又可以充当客户端请求其他节点为其服务，这大大增加了P2P的访问速度和效率。这种"个人对个人"的结构随后被应用于各种分布式结构的硬件或软件，例如本节所介绍的分布式数据库。

2.3.2　数据库的发展

数据库的存储有许多种不同的版本，但它的核心基本都是数据模型。数据模型是指数据库的组织形式，它决定了数据库中数据之间联系的表达方式，即把在计算机中表示客观事物及其联系的数据及结构称为数据模型。传统的数据模型有层次模型、网状模型和关系模型三种。

最原始的层次模型是由IBM提出的，它的结构非常简单。在层次模型中，每个点表示一个记录，记录之间的联系用连线表示。每个记录类型包含若干个字段，其字段都必须命名，且不能重名。虽然层级结构被广泛使用，但无法表达复杂关系，只能处理一对多的关系。诸多缺点下，这种层次模型在更复杂的需求前只能望而却步。

网状模型是采用网状原理的数据库。这一结构同样也记录节点，一个节点可以有一个或多个下级节点，也可以有一个或多个上级节点。网状模型填补了层次模型的缺点，然而网状模型的操作语言过于复杂，不适合普通用户使用。层次模型和网状模型的比较如图2.6所示。

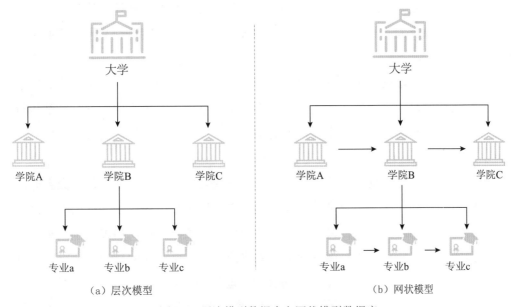

（a）层次模型　　　　　　　　　　（b）网状模型

图 2.6　层次模型数据库和网状模型数据库

自20世纪80年代开始，关系模型数据库开始出现。关系模型将所有的数据列成一个表格，每一行代表一个录入的数据，每一列代表着一项不同的数据。在数据库之间，关系模型通过主关键字和外来键①进行查询。由于关系模型简单明了，数学理论基础坚实，一经推出就受到学术界和产业界的高度重视和广泛响应，并迅速成为数据库市场的主流。现在常用的Excel就是关系模型的最佳应用。

随着新媒体技术的发展，关系模型无法处理多媒体文件的缺陷逐渐暴露。为了改进这一缺陷，科学家发明了面向对象模型。这种模型除了能够处理多媒体文件外还能够在储存数据的同时记录用户的操作，帮助用户进行便捷的回溯操作。面向对象使用对象标识符，确保每个对象都是独一无二的数值，大大减少了搜索时间。面向对象模型有两个重要特点：继承和多态性。继承意味着一个数据可以根据它的母数据被进行索引；多态性意味着数据和它的母数据可以根据互相的关键字来进行响应，不同对象种类的母子关系可以发生动态的变化。

上述数据库模型都曾风行一时。但是随着科技的发展，互联网用户所需要存储的数据"水涨船高"，数据库的存储规模也受到了挑战。集中式数据存储模式已经不再适合现在的情况，此时分布式数据库的出现解决了上述问题。

2.3.3　分布式数据库

传统的数据存储模式使用集中数据库来存储所有的数据。用户在访问任何数据时都需要向中央数据库提出申请。这种传统的存储方式有许多问题，比如一旦信息泄露，就会造成极大的损失，数据的管理和维护成本较高，随着交易量的不断上升读写性能也严重下降等。

从21世纪初开始就有人讨论是否能将分布式技术和数据库结合起来组成分布式数据库。在存储数据时，分布式数据库会将一个完整的顺序用不同的分割方法进行分割，随后将分割部分存储在不同位置的多个数据库上。分割储存的方式不仅有效地解决了以上难题，在这之外还有三个好处。

首先，分布式结构数据库的建立不存在严格的要求，大大降低了建立数据库的时间和精力成本。其次，无论是数据库遭到天灾损坏还是黑客入侵导致数据泄露，分布式的数据架构让数据库损失的仅仅是整个数据库某个节点，损失更小。最后，平面式的架构允许分布式数据库进行更多更快的更新，整个库的架构将会具有更强的可塑性。图2.7展示了分布式数据库的查询原理，当终端提示要查询学生相关数据时，主机会首先检索所有与学生相关的数据项目，随后从若干不同的数据库上调取对应的数据。

---

① 　外来键：指向其他表格主键的栏位。

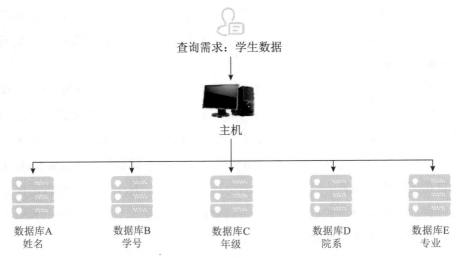

图 2.7　分布式数据库的查询原理

分布式数据库通常有两种不同的模式：同质型和异质型。同质型分布式数据库是存储在多个站点上的相同数据库的网络。这些站点具有相同的操作系统、数据库管理系统和数据模型，因此易于管理。同质性分布式数据库的用户可以无缝地访问不同数据库中的数据。异质型分布式数据库则使用不同的模式、操作系统、数据库管理系统和数据模型。异质型分布式数据库中一个特定的站点可能完全不知道其他站点是否在处理用户请求，这种限制只能通过站点之间对通信进行翻译才能解决。

随着网络科技的进步，分布式数据库在不断地创新。传统的以 SQL （structured query language，结构化查询语言）为首的分布式数据库已经无法满足新时代的需求。NoSQL （Not only SQL，非关系型数据库）开始在市面上出现，它是对不同于传统的关系数据库的数据库管理系统的统称，主要包括文档数据库、键值数据库、宽列存储数据库、图形数据库几种类型。

（1）文档数据库将数据存储在类似于 JSON 对象的文档中。每个文档包含成对的字段和值。由于强大的查询语言的多样性，文档数据库非常适合用于存储大量数据。

（2）键值数据库是一种较简单的数据库。其中的每个项目都包含键和值，通常通过引用键来进行检索。键值数据库非常适合需要存储大量数据却无须执行复杂查询和检索的情况。

（3）宽列存储数据库将数据存储在表、行和动态列中。它的一大特点就是不需要每一行都具有相同的列。宽列存储非常适合需要存储大量数据并可以预测查询模式的情况。

（4）图形数据库将数据存储在节点和边中。节点通常存储有关人物、地点和事物的信息，边则存储有关节点之间的关系。在需要通过关系来进行查找的情况下，图形数据库会表现得非常出色。

NoSQL虽然与传统的SQL数据库相比具有极高的扩展性，但由于NoSQL不存在统一的标准，各个NoSQL软件可谓各自为战。除此之外，NoSQL还缺乏连贯性和安全保护措施。近年来，出现了NewSQL数据库，NewSQL数据库在不放弃传统数据库优势的前提下解决了上述问题。NewSQL建立了一个中间数据库系统将NoSQL系统的分布式架构节点和另一种存储机制结合起来。这样，NewSQL就可以在提供与NoSQL相同的可扩展性能的同时保证交易符合标准。目前，市面上常见的NewSQL数据库项目包括VoltDB、MemSQL、TiDB等。

2.4　应用程序接口：Web 3.0的合作基础

软件之间的协作始终是软件业发展的一大难题。从360和腾讯的"3Q大战"到杀毒软件互杀，Web 2.0生态下，企业巨头为了维护自己的利益产生的争端从未停止。现在Web 3.0时代即将到来，企业利用个人用户的创意获得利润，许多软件的代码逐步变为开源，欢迎各路开发者的到来。怎样才能协调好个人开发者开发出的模组与企业软件本体，或是帮助不同企业的软件完美地兼容呢？这就轮到应用程序编程接口（API）大显身手了。

2.4.1　API 是什么

应用程序接口（application programming interface, API）是一组用于不同的内部和外部软件组件交互的工具。API用于处理计算机和应用程序之间的通信规则是已写好的。API充当应用程序和Web服务器之间的链接的中间层，负责处理不同系统或模块之间的数据传输。我们可以把API想象成餐馆里的菜单，菜单上提供了所有菜的列表和描述。在选择了想要的菜后，餐厅的厨房就会进行烹饪。你作为客人是不知道餐厅是如何做菜的，当然你也不需要知道。API也同样列出了开发人员可以使用的一系列操作以及描述。同样，开发人员也不知道具体会包括哪些操作。总体来说，API允许开发人员通过其他平台打包好的代码来帮助完成自己的工作，从而节省时间，同时有助于实现应用程序之间的合作。

> **释义 2.7：应用程序接口（API）**
>
> 应用程序接口（API）是一种计算接口，是指电脑操作系统或程序库提供给应用程序调用使用的代码。API实现了模块化编程，从而使多个软件之间的交互成为可能。

API工作的第一步是请求。客户端应用程序启动API调用检索。应用程序通过统一资源标识符（URI）将此请求发送到Web服务器，此请求包含各种元素，有动词、标头和请求正文。第二步是调用。在软件收到请求后它就会开始调用对应的外部程序或服务器。第三步是回应。服务器调用完成后就会向用户发送对应的回应信息。最终，API将收到的回应数据发送回发出请求的用户机。图2.8用图像的形式简单地描述了整个流程。

图 2.8　API 的工作流程

2.4.2　跨越世界的 API

　　"应用程序接口"一词最早出现在1968年AFIPS（美国信息处理协会联合会）会议上发表的一篇名为《远程计算机图形的数据结构和技术》的论文中。它被用于描述应用程序与计算机系统其余部分的交互。1974年，在一篇名为《关系和网络方法：应用程序编程接口的比较》的论文中正式引入了API的概念。API随后成为1975年提出的DBMS（数据库管理系统）的设计标准之一。2000年以来，电子商务行业的发展促进API快速发展。当时Salesforce、eBay和Amazon分别推出了自己的API，试图扩大自己的影响力。随着时间的推移，API帮助越来越多的人相互联系。2006年，Facebook推出了它的API。随后推特、谷歌等互联网大企业继续跟进。随着物联网概念的崛起，API更多地被用于其他智能设备上。例如2014年，亚马逊推出了一款智能音箱Alexa，它可以播放歌曲、制作待办事项列表、设置警报、播放音乐等。2017年，Fitbit成立，它提供了一系列可穿戴设备，这些设备可以测量我们的步数、心率、睡眠质量和各种其他健身指标。

　　API的创立对软件和硬件行业可谓有巨大的帮助。世界上已有2亿多个不同的软件，API帮助软件和硬件进行连接及联系。开发人员可以通过API接口程序开发应用程序，减少编写无用程序，减轻编程任务。同时，API 也是一种中间件，为各种不同平台提供数据共享。API已经成为软件不可或缺的一部分，图2.9描述了几种常见的API及其特点。

　　（1）开放接口。开放接口又被称为公共接口，它们决定了API端点以及请求和响应格式，是可以使用HTTP协议访问的开源应用程序编程接口。

　　（2）合伙人接口。合伙人接口是与业务合作伙伴共享的应用程序编程接口。只有拥有正式许可证的授权利益相关者才能访问这些接口。与公共接口相比，合伙人接口有着更高的安全级别。

（3）内部接口。内部接口是只对外部用户隐藏的应用程序编程接口。这些接口不适用于公司以外的用户，仅用于帮助内部不同团队之间的沟通。

（4）复合接口。复合接口是组合了多个接口的接口。复合接口允许开发人员在一次调用中访问多个端点。

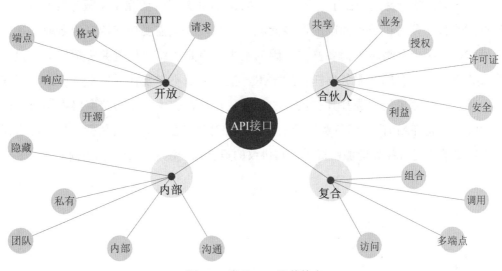

图 2.9　常见 API 及其特点

API 的安全性给予了它可能的货币化选项。现在许多电子货币都在通过 API 来进行点对点的交流和交易。

<h3>2.4.3　API 在 Web 3.0 下的应用</h3>

在 Web 3.0 环境下，每个互联网的使用者都可以通过简单学习来制作自己的软件。但是不同的开发者在写代码时有着不同的习惯。代码差异也许会造成软件之间合作和响应的困难甚至软件崩溃。于是，许多开发商选择直接在自己的网站上公开提供自己的 API，让潜在的用户和合作伙伴下载。除了公开自己的 API 外，互联网上还出现了专门为 Web 3.0 环境下运行软件提供 API 代码服务的公司。这种为去中心化组织（DAO）特供的 API 就被称为分布式应用程序编程接口（dAPI），如 API3。

API3 是由 Heikki Vanttinen、Burak Benligiray 和 Saöa Milić 在 2020 年 9 月共同创建的。API3 希望能解决目前与 API 相关的问题——连接性。很难想象到 2020 年为止智能合约居然完全没有办法与 API 直接连接获取最新数据。大多数传统的金融数据服务

API是集中式的，这与区块链的分布式世界是不兼容的。API3的团队希望能够解决这个问题，让API技术能够达到Web 3.0的去中心化标准。

API3使用了一种名为"空中节点"的概念，这是一种基于"设置并忘记"理念的预言机节点。一个空中节点能够向区块链上的请求者提供一个或多个API。每个节点都有一个唯一的助记符来进行识别，并使用从助记符派生的默认地址来公开标识本身。

空中节点的特殊之处在于它是一个专为API提供商设计的完全无服务器的预言机节点，改善了预言机节点面临的许多问题。首先，它不需要任何特定的专业知识即可操作。实际上你根本不需要操作，因为空中节点是围绕"设置并忘记"原则设计的。其次，在现有的无服务器托管技术下，空中节点不需要任何日常维护，对任何可能导致永久停机的问题都具有极强的抗性。再次，空中节点运营商仅根据节点的使用收费，允许API提供商免费运行预言机，在开始产生收入后再付费。最后，它根本不需要节点运营商处理加密货币，其协议的设计已经涵盖了所有相关问题。

2.5　3D呈现技术：Web 3.0的显示方式

随着VR、AR等技术的发展，"虚拟成像"成为一个热门的词汇。对于Web 3.0
而言，如果能将虚拟的图像以3D技术进行呈现，那么这可谓是巨大的进步。目前来
看，市面上的3D呈现技术通常包含计算机图形学技术、数据可视化技术和AI成像技
术。本节将结合相关内容对以上三种技术进行简单介绍。图2.10展示了三种常见的
3D呈现技术，以及它们的分支研究方向和市面上的常用软件。

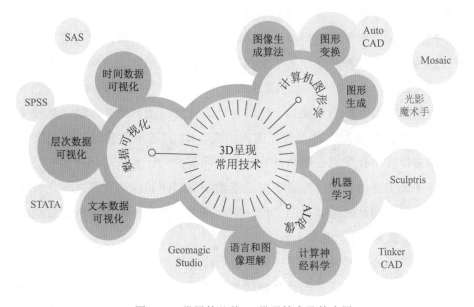

图 2.10　常用的几种 3D 呈现技术及其应用

2.5.1　计算机图形学的建模和渲染

计算机图形学是一种通过算法将图形转变为计算机能够识别的栅格图形的科
学。1940年，麻省理工学院发明了第一个光能传递图像。1946年，第一张计算机
图形学制作的图片在美国科技展览大会上亮相。20世纪60和70年代，计算机图形
学技术蓬勃发展，拓展到了许多计算机科学所在的领域，许多耳熟能详的软件，如
AutoCAD、Mosaic等都是它的产物。2015年，大数据正式被用于计算机图形学中用

来创造实时的电脑生成动画（computer-generated imagery，CGI）演算。

释义 2.8：计算机图形学

　　一种通过算法将图形转变为计算机能够识别的栅格图形的科学，是研究如何在计算机中表示图形以及利用计算机进行图形的计算、处理和显示的相关原理与算法的技术。

　　计算机的显示器是光栅图形显示器，它是由许多像素点组成的一个矩阵。在制作图形时，像素点会根据算法的不同来决定是否发光。这就是计算机图形学研究的重要领域之一：图形的生成。算法的不同，直接决定像素点的多少。以绘制同一条直线为例，一种算法因为其精确度比另一种高，需要使用更多的像素点。对于比较简单的图形，如直线、圆形、椭圆、多边形等，现在的计算机图形学技术已经有了许多较为成熟的算法。计算机图形学技术研究的另一个基础内容是图形的几何转换。图形的几何转换一般包括平移、旋转、缩放、对称、错切，对三维几何图形来说还有投影等操作。目前科学家更加关注的是复杂模型的算法，例如如何用数学公式表示曲线和曲面，或是如何用几何算法来表达现实生活中出现的物体。

　　计算机硬件和图形算法发展到一定阶段后，计算机动画随之出现。从最早的逐帧动画到《玩具总动员》，再到近年来的漫威、DC（导演剪辑版）等超级英雄电影，越来越多地使用计算机动画特效来代替现场实拍。计算机动画技术已经成为计算机图形学中最火热的领域。除了传统的基础图形制作和图形变换之外，计算机动画技术重视的就是动画的运动控制方法。动画是由一帧接一帧的连续播放组成的，物体的运动过程就变得十分重要。

　　现如今，电影公司已经想出了许多设计运动过程的方法。例如，先插入几帧关键帧，随后根据关键帧的图形来计算中间值，从而演算出中间画面的关键帧法；为柔体运动设计在不同时间段的不同形态，然后通过线性变换和非线性变换来体现形态变化的柔性运动法；对物体进行数学建模，然后根据建模结果进行动画演算的造型动画法；还有在现实物体上放置跟踪器，完全根据现实物体的行动来捕捉运动轨迹的运动捕捉法。这些动画方法帮助计算机图形学取得了巨大的成功，无论是人脸动画还是电子游戏内的实时演算，越来越真实的动画层出不穷。

　　近些年来，计算机图形学的领域已经发展出了3D图形学。通过对三维物体的建模和渲染，观众能够拥有一种身临其境的感觉。对于Web 3.0而言，3D图形学可以通过VR来创建一个虚拟的3D空间，给与参与者更真实的体验。VR环境下的3D图形学通常包含以下4个基本元素，即照明、3D对象、相机和场景。照明设施提供场景中的灯光，管理阴影、光源及其强度；随后的3D对象是构建场景的基础，它决定了一个场景中包含的内容；接下来就是相机的管理，它需要管理屏幕上3D对象的可见性以及剔除和渲染的过程；最后还有场景的布置，它定义了虚拟世界中空间的大小。

2.5.2　可视化的数据呈现

数据是描述事物的符号记录，世界万物皆可以成为数据。例如，与天空有关的数据有温度、湿度和降雨量，与大地有关的数据有土壤密度和地形特征。伴随着计算机技术的发展，人类能够看到的数据也在不断地增加。根据统计，世界上的信息总量在2020年已经达到了35.2乘10的21个次方字节，人们用一辈子也不能一一看完这么多的数据。因此，把数据以某种方式组织起来做成图表等易于理解的形式能够有效地提高数据的沟通效率，数据可视化便成为计算机技术的一个重要领域。

释义 2.9：数据可视化技术

利用人眼的感知能力，对数据进行交互的可视表达，以增强认知的技术。

在进行一次数据分析时，首先要做的是确定数据。确定数据涉及两个问题：一是应该选取哪些数据进行可视化；二是确定数据的类型。首先，明确可视化数据包含的内容。例如，假设要对杭州一条主干道上每小时的车流量进行调查分析，随后制作一个图表。这时就要明确可视化数据包含的内容：是将数据以小时为单位排列还是以天为单位排列？是想通过高峰期和低谷期车流量的比较来得出结论还是只需要比对不同天数的高峰期车流量的不同？对于收集到的数据是否还需要进行其他处理？其次，确定数据的类型。例如在软件中，Python、R等软件都有相关的代码来指出数据类型。大部分数据可分为以数字的方式表达的数值数据和以类别进行分类的类别数据。

在确定好数据后，下一步要做的就是为可视化项目建立一个模型。当数据简单时，可以套用一些简单模型。但是当数据比较复杂，尤其是涉及时间变化时就要思考很多影响因素。例如，现在你手上有一组某幼儿园儿童入学期间身高的数据，由于每个儿童每年都测量一次身高，每个儿童在数据表中存在多行不同的记录。在拿到数据后，你就应该考虑使用什么样的模型来阐述儿童身高的变化：是单纯地使用柱状图表现儿童在不同年龄的身高，还是利用饼状图表达儿童入学期间的身高变化，抑或是引入纵向数据的概念？一切模型都应该符合可视化项目的目的。

数据可视化工程的最后一步是建立图表。基本的可视化数据图表可分为三类：原始数据绘图、简单统计标绘和多视图协调关联。原始数据绘图通常能够直接地表达数据，例如点图、饼图、线图等，以最直接地展现数值的变化为目的；简单统计标绘则是在一个简单的图标上增加一些注释性质的标记，例如箱型图就标记出了数据的最大值、最小值、25%、50%的点，可以进行多维度的扩充；多视图协调关联则是将多个图片合在一起展示数据的不同层次。一个比较经典的应用多视图协调关联的例子就是转录组测序，在图片左边显示基因组关联性的同时在右边显示基因内部的分布。除了以上提到的图表外，市面上还有许多类型各异的图表模型供人发掘使用。

伴随着3D技术的发展，数据可视化不再限于简单的二维图表。VR的普及让数据可视化领域走向了三维空间。数据可视化和计算机图形学已经用于3D图形和空间的制作，一个非常著名的例子就是弗吉尼亚大学的3D可视化校园项目。

弗吉尼亚大学坐落于美国弗吉尼亚州的小镇夏洛茨维尔，这个地方虽小，但历史意义重大。它是《独立宣言》的签署地，在美国内战中多次出现。但从2018年开始，北方和南方的示威者在夏洛茨维尔爆发了激烈的冲突，毁坏了许多具有历史价值的建筑和雕塑。在这样的背景下，弗吉尼亚大学决定利用GIS项目来实现对学校的三维化以保存这些建筑和雕塑。项目组首先把GIS测量的地理数据保存在数据库中，随后使用建筑草图大师和Autodesk 3DS建立了所有建筑的3D模型，最后将模型合在一起实现了对校园地理的复现。图2.11展示了复现校园后西南角的社区在1898年之前的样子。

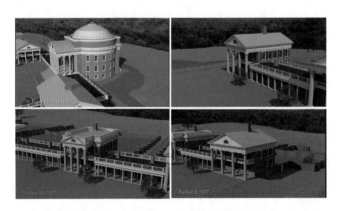

图 2.11　弗吉尼亚校园可视化一角

这个项目被认为是Web 3.0环境下数据可视化的一个重要的例子。因为这个案例中包含了许多Web 3.0的元素：GIS数据库以分布式的方式被存储，供游客进行浏览；VR和3D技术的大规模应用以及对于多种设备（如VR穿戴设备）的许可。现在，只要你拥有一台VR设备，就可以登上项目的网站浏览弗吉尼亚大学的3D复现。

2.5.3 AI 与三维重构

计算机图形学和数据可视化技术帮助人类实现了3D技术在虚拟空间的成像，但怎么才能让3D技术真正实现从虚到实、从线上到线下呢？近年来蓬勃发展的3D打印技术给出了这个答案。只需要有一个数字模型就可以用可粘合材料通过逐层打印的方式实现"无中生有"。AI技术使3D打印的许多问题迎刃而解。

例如，2020年美国得克萨斯州奥斯汀大学和阿贡国家实验室的一组科学家就通过机器学习的方式来预测3D打印中可能出现的打印错误。这个科学团队的成员成功通过打印中产生的热成像图像来识别打印产品的不同部分的成分。把这些数据带入算法后，机器就可以通过识别历史首先鉴别打印出现错误的部分。机器在完成学习后，就能够进行下一步的预测，从而减少打印错误带来的经济损失。团队成员诺亚·保罗森这样评价道："经过学习后的学习算法可以预测打印每个部分时的错误率，这能够让我们在关键时刻做出必要的决策。3D打印所需要的金钱和时间都在不断增加，因此很有必要通过AI算法来减少打印错误带来的损失。"

利用AI技术来实时监控3D打印并不是什么罕见的想法。同一时间内，美国的橡树岭国家实验室也在进行着类似的探索。由凡尚·巴基教授创造的算法"游隼"有着强大的神经网络架构。此算法不仅能通过数字成像自动检测每个对象层纹理特征中的异常，还能够检测和识别多种不同类型缺陷的原因。这个团队先找出了某些形态纹理特征与异常的对应关系，随后帮助算法进行学习，最后用这些数据预测未来印刷品模型中可能出现的错误。

除了利用AI技术来监控3D打印的过程之外，AI技术也许可以被用于逆向工程中。纽约大学工学院的尼基希教授的团队在2020年就使用3D打印技术成功地逆向破解了玻璃和炭纤维的结构。通过逆向信息流就可以重建一种物质的结构。他说："目前我们不能真的将机器学习用于逆向工程，因为机器学习复合材料的添加剂制造和复合材料的使用都处于初级阶段。也许在以后随着技术的成熟将增加逆向工程的可行性。"伴随着3D打印技术的日渐成熟，Web 3.0将很快实现"从虚拟到现实"的转变。每个用户都将获得这样的机会，真正意义上做到美梦成真。

第3章
Web 3.0的拓展技术栈

第2章介绍了Web 3.0所需的基础技术。这些技术是实现Web 3.0乃至元宇宙所需要的核心技术。但随着Web 3.0时代的到来，一些在Web 2.0时代不受重视的技术会成为关注焦点。比如区块链技术在Web 2.0时代只是虚拟货币的支持技术，但是在Web 3.0时代，区块链技术可能会成为底层网络实现的核心技术。除了区块链，智能合约、非同质化代币（non-fungible token，NFT）、Web 3.0时代的协议栈（protocol stack）和隐私计算技术在Web 3.0时代也会受到更多关注。本章将介绍那些在Web3.0时代会备受关注的较新的技术，介绍其可能的发展方向。

3.1　区块链技术

区块链是过去几年中"最热门"的技术之一，在现实层面，大家对区块链的讨论主要围绕其投资价值而展开。在最近的德勤调查中，76%的受访者认为，基于区块链的数字货币等数字资产可能是法定货币的有力替代品，甚至在未来十年内取代法定货币。

然而，从技术角度来说，区块链技术不仅仅可以推动数字货币发展，在Web 3.0时代，区块链技术的应用前景将更为广泛。本小节首先从概念及运作机制两个方面对区块链技术进行介绍。然后，对比两个最知名的区块链——比特币和以太坊，通过具体的例子令读者对区块链的了解更加全面。最后将简要介绍区块链技术已取得的进展和可能的未来发展趋势，探讨为什么区块链技术会成为Web 3.0时代的重要技术。

3.1.1　比特币、以太坊到区块链

区块链（blockchain）是一种按照时间顺序，将数据区块用哈希指针以顺序相连的方式组合成的链式数据结构。它是使用与密码学相关的哈希函数以及公私钥对的数字签名技术保证的不可篡改和不可伪造的分布式账本。区块链由中本聪在2008年首次提出。比特币（bitcoin，BTC）是最具代表性的区块链产品，以太坊（ethereum，ETH）是另一个具有代表性的区块链产品。

释义 3.1：区块链

一种基于密码学与共识机制等技术建立储存庞大数据的点对点数据账本。

比特币是第一个受到各界大量关注的区块链应用。它的出现使公众看到虚拟货币去中心化的可能性。此时，区块链更多地作为虚拟货币的支持技术而被大众熟知。这个阶段往往被称作区块链1.0时代。

随后，以太坊进入公众的视野中。相比于区块链，以太坊将程序代码保存在链中，以供所有节点使用。这些保存在以太坊中的代码也被称为智能合约。因为智能

合约是保存在链上的，所以其具备去中心化的特质。起初，大部分智能合约应用于区块链网络的各种金融衍生品和各种DAO组织的创建。这标志着区块链技术2.0时代的到来，即市场去中心化。在这个时代中，由于区块链支持智能合约的特点，可将各种由智能合约实现的金融衍生品和去中心化组织加入链中，而不仅仅将区块链技术应用于虚拟货币。

显而易见，程序给公众带来的服务远不止金融产品。各种程序应用也可以藉由智能合约推广到区块链上，以达到去中心化的目的，这被称为DApp。因此即将来临的区块链3.0时代，要实现的则是构建一个基于区块链的大规模协作社会。区块链的应用将不限于货币、金融领域。在社会生活的各个领域中，如政府、健康、科学、文化等，区块链技术都会得到广泛应用。例如，可以想象一个基于区块链技术的智能化政务系统——它可以存储公民身份信息、管理国民收入、分配社会资源、解决争端等；可存储关乎一个人出生、成长、教育、工作的全部信息，直至这个人死亡。

总体来说，随着区块链技术的愈加完善，区块链不仅被应用在虚拟货币上，更多的传统网络服务将加入区块链，实现去中心化的思想。或许在未来，区块链会成为网络世界的核心技术之一。区块链应用重心的转移如图3.1所示。

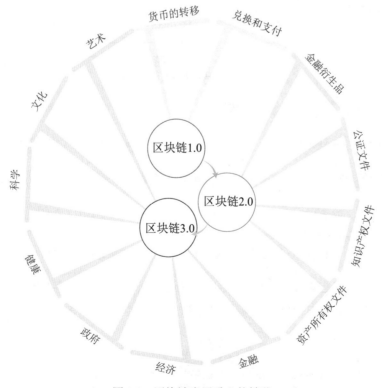

图 3.1　区块链应用重心的转移

3.1.2　详解区块链

区块链的提出是为了解决长期存在的拜占庭将军问题①，即如何在没有第三方平台的参与下，在由互不信任的参与者组成的网络中使参与者达成共识并安全地互相通信。区块链解决这一问题的核心思想是由所有参与者共同维护一个统一的数据信息，并通过合理的规则来确定数据发布、更改的权利的归属。这样一来，任何参与者想篡改数据信息的难度将十分巨大，整个网络中信息的可靠性被大大提升。下面，先从如何维护统一的数据信息、如何确定数据发布及更改权利的归属这两个方面来介绍区块链，再谈谈如何吸引人们加入区块链。

在具体介绍这两个方面之前，需要先从数据结构的角度认识一下区块链。图3.2展示了区块链的数据结构。

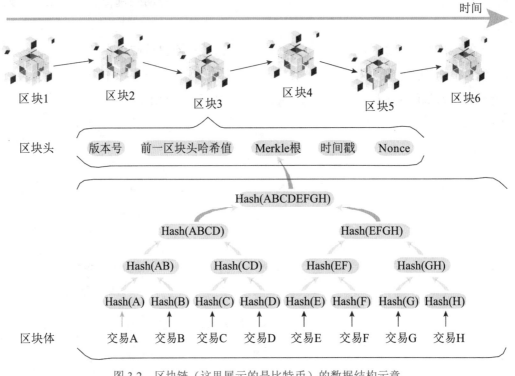

图 3.2　区块链（这里展示的是比特币）的数据结构示意

区块链的目标是实现一个分布式的数据记录账本，利用数字摘要对之前的交易历史进行校验并永久保留交易数据。某个区块里的交易是否合法，可通过计算哈希值的方式进行快速检验。

---

① 拜占庭将军问题（Byzantine failures），是由莱斯利·兰伯特提出的点对点通信中的基本问题，含义是在存在消息丢失的不可靠信息途径的前提下，试图通过消息传递的方式达到一致性是不可能的。

区块由哈希指针相连组成区块链。每个区块由区块头和区块体组成。区块头记录的是区块的整体信息，如区块ID（版本号）、前一个区块的哈希值、Merkle根哈希值（用以确保交易记录的安全性）、时间戳（记录区块发布的时间区间）、随机数（用以证明该区块发布的合法性，也就是发布者具有记账权）。在区块链的节点中可以添加新的区块，但必须经过共识机制来对新区块进行确认。

区块体记录的是具体的交易信息。它是一个用哈希指针连接的二叉树结构，交易信息统一记录在叶子结点中。每个非叶子结点记录的哈希值用以查找具体的交易记录和生成根哈希值。根哈希值保存在区块头中，用以确保交易记录没有被篡改。

哈希树是密码学及计算机科学中的一种树形数据结构。哈希树可以更有效、更安全地对区块链数据进行编码。瑞夫·墨克（Ralph Charles Merkle）于1979年申请了哈希树的专利，所以哈希树也被称为墨克树。二叉哈希树的最底层为交易数据层，交易数据经过哈希函数的运算生成了叶子层哈希。中间的哈希值属于分支层，而顶部的哈希被称为根哈希。哈希树结构由各种数据块的哈希值组成，它允许用户在不下载整条区块链的情况下验证个人交易。哈希树的计算方式是自下而上的，通过重复计算节点上成对的哈希值，直到只剩下一个根哈希，因此，哈希树需要偶数个叶子层节点，如果交易数量为奇数个，则需要将最后一个哈希值复制一次，以创建出偶数个叶子层节点来完成计算。

哈希值通过哈希函数来获得，该函数是实现哈希算法的核心。哈希算法通常以固定长度的区块来处理数据中的信息，数据的大小因为不同的算法而不同，但是对于特定的算法，它的长度保持不变。例如，算法SHA-1仅接收512位的数据，因此，如果输入数据的长度正好是512位，则哈希函数仅需运行一次。而如果数据是1024位的，它将被分成两个512位的数据块，并运行两次哈希函数。但现实情况是，输入的数据不可能刚好是512的倍数。所以，输入的数据会依据密码学中的填充技术被分为固定大小的数据块，哈希函数重复的次数与数据块的数量一样多。哈希函数一次处理一个数据块，最终输出的是所有数据块的组合值，如果在任何位置更改一位数据，则整个哈希值都会被更改。

哈希函数可以将数据以固定长度字符串的形式保存下来。因此，它具有高度安全性。除此之外，因为最后生成的哈希值比输入时的数据要小得多，哈希函数有时也被称为压缩函数（compression function）。哈希函数应该是无冲突的，这意味着，几乎很难遇到随机输入两个不同长度的数据却得到了相同哈希值的情况。但是当数据量足够大时，对于不同的数据x和y，极有可能出现$h(x)=h(y)$的情况，而这种情况被称为散列冲突。如果发生了散列冲突，那么数据的安全将受到极大的威胁。当然，实际情况中，散列冲突是很难发生的。

了解了区块链的概念后，区块链是如何工作的呢？我们以比特币系统为例，解释区块链的工作原理：

当一笔交易被发起后，该交易就会通过P2P网络进行传播，矿工会对交易的真实性进行验证。随后，经过验证的交易会被记录在区块中，该交易被记入账本，即新的区块被加入现存的区块链中。

为更好理解区块链技术，浙江大学院士陈纯用了个简单的例子。假如张三有一天借给了李四1000元钱，并通知了所有人，于是大家在自己账本上记录了这件事，如果李四想赖账，大家就可以站出来拿出账本集体声讨李四，并不需要其他机构介入。这时，一个去中心化的系统就建立起来了，其中的账本就是区块，把账本连起来，就是区块链。如果有个眼疾手快的王二在自己的账本中率先记录下了这件事："某天张三借给了李四1000元钱"，并向大家宣布，这件事我已经记录下来了，大家不要再记录了，这时，大家可以验证王二算得对不对，如果没问题，大家会得到相同并实时更新的账本，王二也会获得一个金币作为奖励，并且这个金币有唯一的编号，以方便查询。这个金币就是区块链产生的有价值的虚拟货币。

了解区块链大体运行逻辑和数据结构细节后，下面将深入区块链各种运行规则中，先探讨区块链如何维护统一的数据信息、如何确定数据发布及更改权利的归属。再简要探讨区块链项目冷启动的问题。

1. 如何维护统一的数据信息

下面基于区块链的数据结构来阐述区块链如何实现维护统一的数据信息的理念。首先，参与区块链的每个节点都会在本地维护一个包含全部区块信息的本地账本，并根据每个新发布的区块实时更新本地账本。其次，只有当一个节点的本地账本与绝大部分其他账本一致时，这个节点才可能具备在网络上发布信息的资格。换句话说，区块链通过限制各个节点在其网络上发布信息的资格，来实现全部节点维护同一个账本信息。

但是，此时存在另一个问题。在传统的网络中，某一时刻内信息的发布源会有很多。若区块链与传统网络一样，不限制信息发布源和信息发布间隔时间的话，让所有参与者及时同步信息是不可能的。因此在区块链网络中，信息发布的时间间隔是相对较长的（比特币长达10分钟，而以太坊相对较短，但也需要15秒左右）。另外，在一个时间间隔内，区块链网络只认可唯一的数据发布源是有效的。通过上述方法，区块链就可以使其网络中的所有参与者实时维护统一账本成为可能。

2. 如何确定数据发布、更改权利的归属

当然，只实现所有参与者维护统一的数据信息是不够的。这只能确定以往信息不得更改，但不能保证新发布的信息是真实的。若有恶意的参与者发布虚假信息的话，区块链网络的数据可信度依旧会受到挑战。所以如何确定区块链网络发布信息的权力（也称为记账权）是区块链可以安全运行的第二个问题。换句话说，区块链要保证获得记账权的节点对区块链本身是没有恶意的。现在主流解决方法是以算力大小来决定记账权的归属（proof of work，PoW），即算力越大的节点越可能获得发布新的区块的权利。这样，获得记账权的节点可以认为是暂时对区块链贡献较大的节点。这个节点对区块链的破坏是得不偿失的。而不同节点的算力大小通过求解人为设计的数学问题（hash puzzle）来进行比较，这一行为被称为挖矿。

此外，区块链还遵循最长链原则，即所有节点应该在现有的最长合法链后继续生成新的区块。遵循最长链原则的原因有两点：一是生成最长链需要的工作量是最大的，最长链上的信息是相对最可信的；二是当一个恶意节点试图篡改非当前时刻已达成共识的数据时，其需要生成新的最长合法链，而生成新的最长合法链的难度是争夺记账权的难度的数倍乃至数十倍（因为生成最长合法链实际上是要争夺很多个时刻的记账权）。

3. 如何吸引人们加入区块链

基于上述两点，区块链实现了在没有第三方参与的前提下解决拜占庭将军问题。但是，一个很现实的问题是现有的网络（由各种网络运营平台充当第三方的网络）已经十分成熟，而且维护区块链需要大量的算力付出。如何使大家愿意加入这个新的网络呢？

区块链针对这个问题提出的解决方案是使用一种奖励机制，即通过发行虚拟货币来奖励维护区块链网络的参与者。并且，任何参与者想要使用这个网络提供的任何服务也需要支付相应的虚拟货币。进一步来说，每个在区块链上发布区块的参与者都会得到相应的虚拟货币奖励（称为铸币奖励）。铸币奖励也是唯一一种不需要借助外部资金就可以获得大量虚拟货币的方法（其他不需要外部资金获得虚拟货币的方法所获得的虚拟货币数量要远少于铸币奖励）。

在这里说一句题外话，最开始的几个区块链网络的设计目的便是开发一种有别于传统法定货币的虚拟货币。因此当时的区块链网络只有发行虚拟货币、记录虚拟货币转账信息这两个作用。在后续的以太坊中，由于支持智能合约，更多的功能得以加入区块链网络中。而本文介绍的区块链网络更倾向于加入智能合约后，功能相对多元的区块链。在这种功能多元的区块链中，虚拟货币不仅发挥货币本身的作用，还在维护网络稳定、数据安全中利用奖励机制发挥着很大作用。

总体来说，区块链基于上述设计，并使用密码学方法确保安全性，实现在没有第三方参与下解决网络节点间的信任问题（拜占庭将军问题），实现数据的去中心化存储以及传输。

3.1.3　比特币与以太坊

第一个被大众熟知的基于区块链的应用是比特币。它的设计目的是开发一种运行在分布式网络上的虚拟货币。这种虚拟货币的最大特点是实现无须第三方担保的、不由任何具体实体操控的货币。相比之下，各个国家的法定货币需要由各个国家银行作为第三方担保。

> **释义 3.2：比特币**
>
> 一种去中心化的、采用点对点网络与共识主动性、开放原始码、以区块链作为底层技术的加密货币。

比特币的实现方式是由所有参与到这个区块链网络中的参与者共同维护一个基于交易的比特币账本。该账本上记录比特币的各种交易信息。比特币的区块体保存的是该区块记录的各种交易信息。

除了基于交易的特点之外，比特币还有其他的特点，如出块时间控制在10分钟左右、每个区块的比特币铸币奖励倍数递减、使用简单的脚本语言、使用算力大小来决定记账权等。这些特点给比特币带来了诸多的局限性，比如基于交易的特点使比特币的账户很难与现实实体关联在一起，给监管带来极大的挑战。过长的出块时间和算力决定记账权的特点，导致比特币系统的运行需要极大的算力支持，这就造成实体世界的巨大能源消耗。又如，按照倍数递减的铸币机制使比特币的总量是固定的，但货币总量固定显然是不合理的。

为解决比特币的诸多问题，以太坊应运而生。以太坊是基于账户的账本，也就是在以太坊的每个区块体中记录所有账户的具体信息。除此之外，以太坊尝试从算力决定记账权到每个账户权益大小决定记账权（proof of stake, PoS）的转变。它的出块时间也缩短到了15秒。以太坊的货币总量也不再是固定的。更最重要的是，以太坊的设计使用一种图灵完备的机器语言。在此基础上，以太坊支持智能合约，这让更多的网络服务加入区块链网络成为可能，如各种金融产品、数字凭证、去中心化的组织（DAO）等。可以说，以太坊的出现推动了更多的网络服务上链，推动了区块链的发展。

　　总而言之，比特币与以太坊的特点对比如图3.3所示，两者区别很大，包括但不限于基本类型、数据结构、记账权确定规则、脚本语言、代币总量和出块时间6个方面。

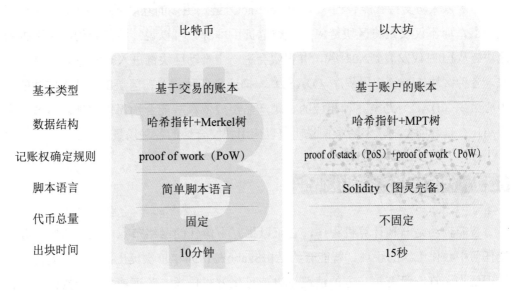

	比特币	以太坊
基本类型	基于交易的账本	基于账户的账本
数据结构	哈希指针+Merkel树	哈希指针+MPT树
记账权确定规则	proof of work（PoW）	proof of stack（PoS）+proof of work（PoW）
脚本语言	简单脚本语言	Solidity（图灵完备）
代币总量	固定	不固定
出块时间	10分钟	15秒

图 3.3　比特币与以太坊的对比

3.2 智能合约

由于以太坊支持智能合约（smart contract）链，更多的互联网服务可以部署到区块链上，而不仅仅是将区块链应用于虚拟货币本身。可以说，智能合约的出现推动区块链从1.0时代发展到2.0时代，并很快会进一步推动区块链进入3.0时代。或许在未来，各种区块链上的应用程序（DApp），抑或是各种部署在区块链上的无实体的去中心组织（DAO）乃至各种相应的金融产品都要依赖智能合约得以实现。本节将先介绍什么是智能合约，然后举例说明可以应用智能合约的各种场景。

3.2.1 智能合约：合约代码化

智能合约是一种计算机程序，它可以供互不信任的网络节点一致地执行，并不受任何中心化组织的管理。智能合约是由Szabo在1994年首次提出的。当时智能合约被理解为允许在没有第三方的情况下以信息化方式传播、验证或执行合约的计算机协议。智能合约的概念被提出后，由于缺少技术支持，逐渐被大众遗忘。直到以太坊的出现，智能合约才真正进入大众视野。2016年，我国工业和信息化部（以下简称"工信部"）在《中国区块链技术和应用发展白皮书》（以下简称《白皮书》）上定义了智能合约。

> **释义 3.3：智能合约**
>
> 智能合约是一段部署在区块链上可自动运行的程序，涵盖范围包括编程语言、编译器、虚拟机、时间、状态机、容错机制等。

这个定义相对准确、全面地介绍了区块链上的智能合约。下文中所介绍的智能合约具体指《白皮书》上定义的智能合约。

相比于比特币采用简单的脚本语言来验证区块以及各种交易的合法性，以太坊验证相关信息时采用的是一种图灵完备的程序语言：Solidity。此外，部署在以太坊上面的各种智能合约也将Solidity作为其编程语言。这里，图灵完备指该编程语言可以用来模拟经典的图灵机，实现各种逻辑。因此理论上说以太坊上的智能合约可以实现各种功能。

借助智能合约，传统网络上的各种网络服务可以部署到区块链上，比如各种 DApp。换句话说，智能合约实现了应用程序的去中心化。这确保智能合约可以供所有节点一致地执行，某个节点某次执行智能合约的指令和参数的信息由所有参与者共享，从而保证智能合约执行的透明度。所以，智能合约可以允许参与者在没有第三方的情况下进行公平的交易。

但同时，智能合约也有很多问题。首先，由于区块链出块时间的限制，用户想通过智能合约完成某项操作的等待时间可能远远大于使用传统的应用程序所需时间。

其次，由于区块链设计理念的问题，部署之后的智能合约很难被更改。此时，已上链的智能合约若存在代码隐患，则会造成不可估量的后果。这种例子比比皆是，比如著名的DAO组织The DAO由于其用以规定投资规则的智能合约存在代码漏洞，而这个漏洞被恶意使用，给参与者造成巨大的经济损失，导致整个以太坊分裂，也使这个组织完全消失。因此，制定针对各种不同的应用场景的智能合约代码模板（或者是代码规范）是智能合约亟待改善的地方。

最后，在以太坊上调用智能合约要用以太币支付相应的Gas费[①]。这笔费用折合成法币是一笔不小的开支，这会造成用户使用各种由智能合约开发的DApp的高成本，而传统的应用程序往往是没有使用成本的（至少不能和Gas费进行数量级上的比较）。因此高昂的使用成本是用户无法接受的。

上面这三点都是智能合约存在的问题，可见智能合约还不是一个完全成熟、可以直接面向市场的技术。它还有很长的路要走。

3.2.2　智能合约的三大应用场景

上一小节简要介绍了智能合约的定义以及其存在的一些问题。但不可否认的是，智能合约对区块链发展的贡献是巨大的，即使在智能合约技术初步兴起的当下，智能合约在以太坊上已有很多应用场景。下面介绍智能合约使用最广泛的三个应用场景：金融衍生产品、去中心化组织（DAO）和非同质化代币（NFT）。

（1）以太坊是借助智能合约使各种金融衍生产品上链的。为了更好地说明智能合约的作用，读者可以设想一个竞价场景。在传统的拍卖行中，竞价由拍卖组织作

[①]　Gas 费是以太坊首创的一个概念，等同于现实世界中的手续费。在以太坊上每发起一笔交易、执行一段程序，都需要支付手续费。

为中介完成，以确保资金的安全。虽然拍卖组织可以确保竞价的安全性，但具体的竞价规则是由拍卖组织提出、解释以及执行的。也就是说，在不考虑信誉问题时，拍卖组织可以左右一场竞价活动。反过来，智能合约从根本上解决了拍卖组织左右竞价的问题。任何参与竞价的账户只需将资金交给智能合约，并将这笔交易发布到区块链；然后由所有其他节点确认，使所有节点进入下一个确定性的状态后，就很难对已有的操作进行更改。也就是说，即使是智能合约的发布者，也无法对智能合约和智能合约涉及的任何交易进行更改，从而达到去中心化的目的。基于上述对竞价场景的想象，不难发现，只要将一款金融衍生产品相应的规则写入智能合约并将其上链，就可以实现金融衍生产品真正的去中心化。

（2）智能合约成熟的另一个应用场景就是使用智能合约建立各种DAO组织。DAO组织是指一些没有实体的、去中心化的组织团体。他们借助区块链的去中心化、规则透明公开等特点，在区块链上运营自己的组织（对DAO的具体介绍可以参看第4章）。各种DAO组织使用智能合约来编写他们的加入规则、组织运营规则等，进而实现组织的管理去中心化。最著名的就是The DAO组织。这是一个以智能合约的方式运行在以太坊上的风险投资基金组织。与传统的风投组织不同，这个组织的任何决策不是由运营基金的实体决定的，而是由所有投资者投票决定投资项目。

（3）非同质化代币（non-fungible token，NFT）也是依靠智能合约得以实现的。比如运行在以太坊上的NFT根据智能合约模板EIP-721得以实现。关于NFT的更多信息，将在下一小节进行介绍。

总体来说，智能合约给公众带来应用服务去中心化的美好愿景。在Web 3.0时代，可以预见的是，各种去中心化的应用服务都要依赖智能合约得以实现。但不可否认的是，这种去中心化的服务是一把双刃剑。因为智能合约一旦执行，其执行结果很难被更改，如果智能合约本身存在代码漏洞，其造成的损失是难以挽回的。前面提到的The DAO组织就由于其智能合约的漏洞造成以太坊的分裂。由此可见，如何设计安全的智能合约，或者如何有效地挽回由于智能合约代码漏洞造成的损失，是智能合约亟待解决的重要问题。

除了上文中详细介绍的三个智能合约应用场景外，智能合约的应用场景还有很多。图3.4展示了智能合约在健康、数字化、安全和金融4个方面可能的一些应用场景。比如在安全方面可以借助区块链数据难以更改、安全性高的特点，借助智能合约将一些敏感的数据记录和个人社会保险保存在链上。又如，借助智能合约实现分布式数字身份认证。可见，智能合约的应用前景十分广泛。

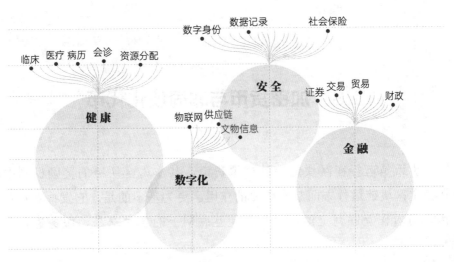

图 3.4　智能合约的应用场景

3.3 加密货币与非同质化代币

加密货币是运行在区块链上的虚拟货币，其作为区块链的奖励机制中的奖励，在稳定区块链运行方面起到重要的作用。更为基本的是，它发挥着货币本身的作用，可看作互联网上的统一代币使互联网上的各种交易、服务进行得更加顺利。

而非同质化代币（NFT）是借助智能合约运行在以太坊上的数字产品。非同质化指的是任何一个NFT都是独一无二的，任何两个NFT之间都不可互相替代。NFT常常被误认为是一种"虚拟货币"，但其并不具备同等价值货币可互换的特性。

总体来说，如图3.5所示，两者只有在被称为"货币"时，才是相同的。同质化代币具有可互换性、统一性、可分性、可呼唤性等特点；非同质化代币具有不可互换性、独特性、不可分性、防盗性等特点。

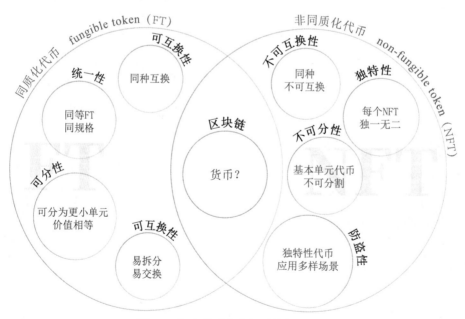

图 3.5 加密货币和非同质化代币对比

3.3.1 加密货币：安全的网络代币

加密货币作为法定货币的对照物的金融属性将在下一章进行介绍，本章将从区块链的角度来介绍加密货币。加密货币的概念最早可以追溯到1974年。当时，诺贝尔经济学奖得主，英国学者Friedrich von Hayek提出一个观点，即利用计算机来建立比依靠国家信用更加可靠的货币体系。但是这个观点很快就被大众遗忘，直到出现比特币这个观点才被再次提及。比特币是由中本聪在2008年首次提出的。它是一种基于交易的区块链，它的设计目的就是创造一种去中心化的货币，以适应互联网的各种特点。

> **释义 3.4：加密货币**
>
> 使用密码学原理来确保交易安全以及控制单位创造的交易媒介。

为了更好地解释这个观点，读者可以想象网上交易的例子。设想这样一个场景：一个中国买家想在购物网站上购买荷兰卖家的一本书。假定中国买家只持有人民币，而荷兰买家只接受欧元。这个时候，这笔交易的交易信息可以非常顺利地通过互联网相互传达。但是，相比之下，资金的流动就显得十分烦琐。中国人要先将人民币从自己的账户转给银行；然后银行将人民币按照汇率兑换成欧元；之后银行将这笔欧元汇向收款方的银行；最后这笔钱才收入收款者的账户。整套流程十分复杂。反过来假设，如果买卖双方使用加密货币进行交易，资金与信息的传送速度将是一样的。只有一步，即资金转账信息沿着海底光缆，从一端传达到另一端。这也是比特币的一个优势，即它创建的目的并不是取代法定货币，而是服务于互联网的。进一步说，根据这个想法，可以认为加密货币是互联网的经济基础，所以它也是分布式网络（区块链的硬件层）的经济基础。

另外，加密货币也是区块链得以稳定运行的基础。从宏观来看，对于一个区块链系统，参与者对其的任何贡献都通过加密货币（代币）来奖励。相应地，参与者想获得任何区块链的服务也要通过加密货币来支付。从细节上来说，前文所说的PoW决定所有节点合理地获得记账权的权利，但是如果获得记账权没有与之相应的奖励，依旧无法保证区块链的安全运行。记账权的奖励就是获得相应数量的加密货币，即出块奖励。不论是比特币还是以太坊，出块奖励所奖励的加密货币的数量远远多于区块链上其他行为所奖励的加密货币的数量。

综上所述，加密货币从设计角度来说是为了服务于互联网，也是区块链得以安全运行的重要保障。所以，可以认为，加密货币作为虚拟经济系统中的核心，将成为推动分布式网络以及运行在其上的各种去中心化应用的重要驱动力。

3.3.2 非同质化代币是"货币"吗

非同质化代币（NFT）是一个随着虚拟货币被提出的概念。它起源于以太坊的智能合约，最早在以太坊改进方案EIP-721中被提出。随后在EIP-1155被进一步改进。NFT的概念最早可以追溯到2012年在比特币网络上的一个名为"彩色币"[①]的实验项目。但是这个实验项目并没有被广泛推广，因为比特币上的脚本采用的是十分简单的编程语言（不是图灵完备的）。所以"彩色币"项目并不能算真正意义上的NFT项目。第一个真正意义上的NFT是2014年纽约艺术家凯文·麦考伊在纳米币区块链上推出的。随后，加密朋克（CryptoPunks）[②]系列作品才真正地将NFT推入大众视野。

> **释义 3.5：非同质化代币（NFT）**
>
> NFT也称为非同质化通证，实质是区块链网络里具有唯一性特点的可信数字权益凭证，是一种可在区块链上记录和处理多维、复杂属性的数据对象。

NFT常常被误认为是一种数字货币，但实际上其并不具备货币的功能。因为货币是一种权益凭证，用于代表物品的商品价值，并用于流通。因此同一币种的不同货币是可以相互交换的。但是NFT的设计理念在于，每一个NFT都是不可替代的、独一无二的。所以NFT并不是一种货币，而是类似于实体世界中的各种凭证。它与各种电子物品及数字资产捆绑，确保这些数字化物品的唯一性。同时，也正是由于这种唯一性才使得这些虚拟物品产生了资本价值。

当前NFT被广泛用于证明数字资产的存在和所有权，如图片、艺术作品、活动门票等。加密朋克是以太坊上的NFT中热度最高的一款。它利用NFT与一万多幅不同的赛博朋克风格的人像图片绑定，将每张图片都变成独一无二的数字藏品，引得公众竞相收藏。后续，又有很多类似的NFT产品出现，如加密小猫（CryptoKitties）、NBA Top Shot（一款基于数字藏品收藏的集换式网络游戏）等。可以说，市场对NFT相关数字藏品的关注度是十分高的。据报道，在2021年，NFT市场24小时平均交易额达到近50亿美元，而整个加密货币市场24小时交易额已经超过3000亿美元[③]。NFT

---

① 彩色币，也被称为染色币（colored coins），它描述了一种可以用于创建、标记所有权及交易比特币之外的外部资产及现实世界资产的方法。其中外部资产指的是不能直接被存储在区块链上的数字资产。
② 加密朋克是全球最早的NFT之一，发行于2017年6月，是以太坊上的初代应用。该系列由10 000个24×24像素的艺术图像通过算法组成。大多数图像都是看起来很笨拙的男孩和女孩，但也有一些比较罕见的类型，如猿、僵尸，甚至是奇怪的外星人。
③ 数据截至2021年11月。

相关市场份额增长迅速，使得NFT成为一种热潮，甚至被一些人描述为数字资产的未来。

图3.6对比了NFT、加密货币及央行数字货币。

	NFT	加密货币	央行数字货币
定义	基于区块链技术的与数字资产相关联的权证	一种使用密码学原理来确保交易安全及控制交易单位而创造的交易媒介	以数字或电子形式呈现的受监管的法定货币
类型	所有权证	数字货币	数字货币
价值	数字资产的价值	加密货币市场价值	纸质货币的价值
监管	不受监管	不受监管	受政府监管
例子	加密猫CryptoKitties	比特币	数字人民币
技术	区块链	区块链	区块链
波动性	不稳定	不稳定	稳定

图 3.6　NFT、加密货币及央行数字货币的对比

可以看出，NFT是一种与数字资产相关联的权证，而加密货币和央行数字货币都属于数字货币，这三者的核心区别在于是否具有可替代性。可替代意味着可以使用相等的另一个对象来替换，例如一张100元人民币可以替换掉另一张100元人民币。同样，一个比特币也可以兑换一个比特币。但是1个NFT会随着它所关联的数字资产的价值变化而变化。购买数字货币更像是依据汇率兑换不同国家的货币，而购买NFT更像是购买有专属序列号的手机。NFT、加密货币和央行数字货币三者都基于区块链技术，区块链不仅可以防止伪造，还方便追溯。不同的是，NFT和加密货币是完全去中心化的，它们的价值基本由市场决定，波动性较大。而央行数字货币受政府监管，价值相对较稳定。目前，中国是世界上第一个正式发布法定数字货币的国家。

但不可否认的是，NFT目前还存在很多问题。第一，作为一种可以用于交易的数字凭证，一个NFT得到确认需要花费相当长的时间。这是因为区块链系统本身交易确认速度缓慢。第二，因为NFT是依靠智能合约实现的，所以一个NFT得到交易需要

调用相应的智能合约并支付相应的Gas费。单笔费用可能高达60美元，这大大增加了NFT的交易成本。第三，NFT使包括美术作品、音乐作品、视频、书籍以及新闻或博客文章全部数字化，混淆了所有权、版权和知识产权，而对于这些和NFT绑定的数字化创作内容的各类权属的界定规则还没有明确。因此，NFT作为数字藏品凭证本身无法保障创作者权益。例如，当有一幅图画或者一首音乐作品被某人用NFT转化为数字藏品后，这个数字藏品属于这个人，而不属于原作者。这些都是NFT目前尚待解决的问题。

然而，在技术领域，NFT的出现是划时代的，在没有更好的方法出现前，NFT的唯一性以及不可替换、不可分割的特点暂时解决了数字化物品极易被复制的问题。可以预见，在Web 3.0时代，NFT作为物品不可替代凭证的作用将被放大。届时，虚拟世界可以如同现实世界一样真实，虚拟物品也可以如实体物品一样成为个人的专属资产。

3.4 协议栈

计算机网络是指由通信线路互相连接的许多自主工作的计算机构成的集合体。各个部件之间以何种规则进行通信由网络模型进行定义。网络模型是借助"层"的概念进行描述的。比如实际使用的 TCP/IP 模型主要由 4 层组成，从底层到高层分别为网络访问层（物理层和数据链路层组合在一起的统称）、网络层、传输层和应用层。不同层有针对其数据传输的不同规则，这些规则称为协议（protocol）。各个层的不同协议组成的集合称为协议栈（protocol stack）。不同计算机之间的数据通信和各种网络服务都是通过各种具体的协议栈实现的。

本节，首先介绍协议栈技术是什么，然后介绍在 Web 3.0 时代可能存在的各种协议栈以及其与 Web 2.0 时代的区别。

3.4.1 什么是协议栈

协议栈（protocol stack），又称协议堆叠，是各种计算机网络协议套件的具体实现。换句话说，协议栈是各种网络协议的具体实现的组合：不同层的协议确保计算机之间的信息通信；对应地，不同层的协议的具体实现所组成的集合称作协议栈。

> **释义 3.6：协议栈**
>
> 协议栈，又称协议堆叠，是计算机网络协议套件的一个具体的软件实现。

协议栈不是具体的技术，而是对协议集合这个概念非常形象的称呼。因为人们使用"层"的概念来形容网络结构，而不同的协议指的是运行在不同网络层并实现相应网络层功能的规则，所以这些协议可以被理解为一层一层堆叠起来组成一个"组合"。这种一层一层堆叠而成的组合非常符合计算机数据结构中"栈"的概念，因此，人们将实现具体网络功能的多个协议组成的集合称为协议栈。

举个例子来更形象地解释这个概念。想象一下，A、B、C 三台电脑。A 和 B 都有无线电设备，并可以通过合适的网络协议（如 IEEE 802.11）通信。C 和 B 通过电缆连接来交换数据（例如以太网）。但是，不能直接用 A 与 B 之间的无线传输协议和 B 与

C之间的有线传输协议实现A与C的信息传输，因为A和C在概念上是连接在不同的网络上的。因此，需要一个跨网络协议来连接它们。人们可以结合这两个网络来建立一个更强大的网络协议，控制无线和有线传输。但是一个更简单的办法是不改变原有的无线传输协议和有线传输协议，而是在两个协议之上建立一个新协议（如IP协议），这样就形成了"无线传输协议+IP"和"有线传输协议+IP"的两个协议栈。

另一个形象的协议栈例子如图3.7所示。图片展示的是以TCP/IP网络模型为基础的一个具体的协议栈。中间框体内的所有协议集合成一个具体的协议栈。只要某个网络中的计算机都遵循这个协议栈中的所有协议规则，它们之间便可以实现数据通信。各层的具体作用在图3.7中的右侧展示。

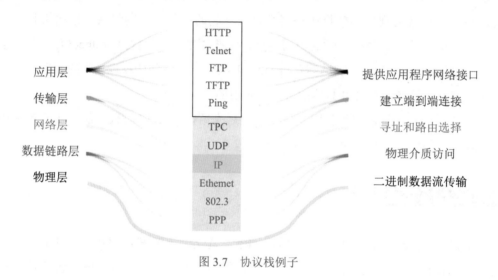

图 3.7　协议栈例子

3.4.2　协议栈的设想与构建

在Web 3.0时代，需要为新的网络结构设计相应的网络协议，并实现相应的协议栈。

比如对于分布式网络，就要实现其相应的协议栈。关于分布式网络的具体协议栈将在本书的第7章做更具体的介绍，在这里作简要阐述。分布式网络与传统的客户端/服务器网络最大的区别就是分布式网络没有中心节点。换句话说，如果将传输数据看作为了完成某项服务，那么分布式网络中每个节点都同时是服务的提供方和接收方。而在传统的客户端/服务器网络中，客户端更多作为服务的接收方，服务器主要作为服务的提供方。除了这个区别之外，从数据物理传送的角度，分布式网络与传统的客户端/服务器网络是一样的。

因此，可以预见的是，理论上实现分布式网络的协议栈应该与传统的客户端/服务器网络的协议栈是相似的。当然实际情况也是如此。依据TCP/IP模型来说，分布式网络与传统的客户端/服务器网络在网络接口层、网络层和传输层使用的都是相同的协议（主要是TCP协议和IP协议）。因此它们的协议栈在这部分是相同的。两种网络只是在应用层有所区别。分布式网络在应用层使用的是节点间互相发送和接收数据的P2P协议，而传统的客户端/服务器网络使用的是用户节点向服务器节点发送服务请求然后服务器节点提供网络服务的协议，例如HTTP协议、FTP协议等。

另外，物联网（internet of things，IoT）的想法也天然适配Web 3.0的思想。在一个巨大的物联网中（比如以街区，甚至是以城市为单位的物联网），网络中的节点规模会远远大于当前时代的网络中的节点规模。一个很直观的证明就是，现在网络中的节点只是各种电脑、手机等电子产品，这些产品也都是物联网中"物"的概念。但是"物"的概念远不止如此。因此，由于物联网中各种节点的数量大大增加，传统的客户端/服务器网络的中心节点的性能将极大限制整个物联网的速度。可见，物联网并不适用于传统的客户端/服务器网络，其在分布式网络中可发挥更大的价值。

对于在Web 3.0时代中的物联网协议栈该如何实现的问题，学者和企业也具有很大兴趣。学者提出，随着互联网的发展，提出符合互联网实际性能并符合物联网思想的各种标准化物联网协议栈变得愈发可能。事实上，在企业中，物联网相关项目的实施逐渐从束之高阁向实际落地转变。

3.5 隐私计算

隐私计算（privacy compute或privacy computing）是指在保护数据本身不对外泄露的前提下实现数据分析计算的技术集合，达到数据"可用、不可见"的目的，在充分保护数据和隐私安全的前提下实现数据价值的转化和释放。本节将先介绍隐私计算的具体定义，然后具体介绍其技术发展方向。

3.5.1 隐私计算：加密后的数据分享

隐私计算的概念最早可以追溯到1982年姚期智教授提出的"百万富翁问题"。在这个问题中，他开创性地引入安全多方计算概念。随后在1985年，零知识证明概念被提出，使多方安全计算步入可行性探索的阶段。这个阶段从1985年一直持续到1999年。在这个阶段中，另一个标志性事件是联邦学习概念的提出。这个概念与多方安全计算并列作为后续隐私计算的两个重要发展方向。从21世纪开始，隐私计算步入快速的发展期。在这个时期，隐私计算从一个概念变成一项可以具体实现的技术；可信执行环境的概念也被提出（它是隐私计算第三个重要发展方向）；OMTP[①]于2009年提出可信执行环境系统体系标准。而后随着区块链技术的提出，一直到今天，隐私计算都被当作Web 3.0时代数据共享思想下保护数据安全的核心技术。可以预见，未来隐私计算技术将得到更大的舞台，释放出更璀璨的星光。

下面介绍隐私计算的具体概念，并探讨为什么它在Web 3.0时代十分重要。

Web 2.0时代中，不同的数据由各个网络平台各自保存。由于隐私保护、数据安全、商业竞争等原因，不同平台之间的数据很难被整合到一起，造成"壁垒花园"现象发生。此时，若要整合这些数据进行数据分析是不切实际的，故隐私计算被人

---

① OMTP（open mobile terminal platform）成立于2004年，其成员包括沃达丰、西班牙电信、意大利电信和NTT DoCoMo等主流移动运营商，以及诺基亚、三星、摩托罗拉、索尼爱立信和LG等主要手机厂商。这个组织成立的主要目的是针对移动设备提出各种统一标准，其针对隐私计算领域提出可信执行环境系统体系标准。

们所重视。具体来说，隐私计算是一种由两个或多个参与方进行联合计算的技术和系统。它可以在不泄露各自数据的前提下，允许参与方通过协作对他们的数据进行联合机器学习或联合分析。换句话说，在隐私计算中，联合数据分析的任务是在各个平台的数据明文不会互相共享的前提下完成的。

在这里简要提出隐私计算技术在 Web 3.0 时代会得到重视的两个原因。首先，在 Web 3.0 时代，数据的开放性和共享性会得到加强。这种数据共享会给已有的商业模式带来巨大的改革，而企业进行商业模式的转变是需要时间的。当 Web 3.0 时代突然来临，但各个企业还没有完成商业模式的转化时，企业为了在市场上生存下来，可能会引发各种恶性竞争的事件，给市场带来巨大的波动。隐私计算的方法可能可以帮助企业完成转变。对于 Web 2.0 时代各个企业收集的数据来说，企业可以通过隐私计算的方式实现数据共享的目的，同时可以保证数据信息没有外露，以确保安全度过商业模式转变过程。其次，由于隐私计算的数据明文不可见的特点，在某种程度可以保护数据的隐私性。在 Web 3.0 这个数据共享的时代，完全使用隐私计算来达到共享数据的目的，从某种程度可以解决 Web 3.0 时代数据安全、用户隐私安全等安全问题（对 Web 3.0 时代可能涉及的安全问题将在第 8 章详细阐述）。

目前，隐私计算技术还处于初步发展阶段，并没有得到广泛使用，但市场上已经出现一些提供隐私计算服务的平台。比如，PrimiHub 是一个开源的隐私计算平台。它保护数据在应用过程中的安全，实现"数据可用不可见"。该产品平台涵盖了匿踪查询、隐私求交、联合建模、联合统计、算法容器管理、数据资源管理、数据确权与定价、异构平台互联互通等主要应用服务功能。又如，BitXMesh 是另一个隐私计算平台，它将区块链与安全多方计算技术结合，并支持链上链下协同。

总之，隐私计算的应用领域十分广泛（见图 3.8），前景光明。预计随着 Web 3.0 时代的到来，隐私计算技术将深入融合到更多领域的发展研究中。

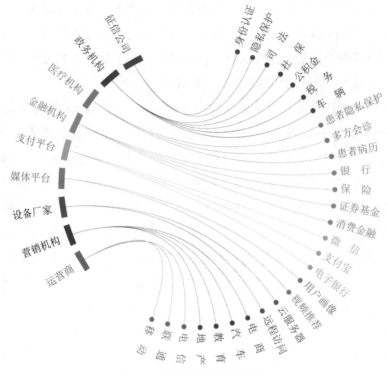

图 3.8　隐私计算应用领域举例

3.5.2　隐私计算的三大发展方向

隐私计算技术的发展主要分为三大方向：第一类是以多方安全计算为代表的基于密码学的隐私计算技术；第二类是以联邦学习为代表的人工智能与隐私保护技术融合衍生的技术；第三类是以可信执行环境为代表的基于可信硬件的隐私计算技术。

1. 多方安全计算（secure multi-party computation, MPC）

多方安全计算是指在无可信第三方的情况下，多个参与方共同计算一个目标函数，并且保证每一方仅获取自己的计算结果，无法通过计算过程中的交互数据推测出其他任意一方的输入数据（除非函数本身可以由自己的输入和获得的输出推测出其他参与方的输入）。现有的各种密码学加密算法都具备无法从结果逆推输入的特点（比如区块链挖矿的哈希算法SHA-256就具备这种特性）。因此可以预见，密码学将在多方安全计算中将发挥极大的作用。

2. 联邦学习（federated learning, FL）

联邦学习又称联邦机器学习、联合学习、联盟学习等。联邦学习是指在本地原始数据不出库的情况下，通过对中间加密数据的流通与处理来完成多方联合的机器学习训练。联邦学习参与方一般包括数据方、算法方、协调方、计算方、结果方、任务发起方等，根据参与计算的数据在数据方之间分布的情况不同，联邦学习可分为横向联邦学习、纵向联邦学习和联邦迁移学习。通过对联邦学习的定义可以看出，密码学依旧在其中发挥重要的作用。不过，与多方安全计算不同的是，联邦学习并不严格要求不可逆加密算法的使用。但是在此之上，如何对已加密的数据进行分析联邦学习要更加重视的问题。

3. 可信执行环境（trusted execution environment, TEE）

可信执行环境通过软硬件方法在中央处理器中构建一个安全的区域，保证其内部加载的程序和数据在机密性和完整性上得到保护。TEE 是一个隔离的执行环境，为在设备上运行的受信任应用程序提供了比普通操作系统（rich operating system, RichOS）更高级别的安全性以及比安全元件（secure element, SE）更多的功能。

第4章
Web 3.0的生态构建

在本章中，我们将介绍构建Web 3.0生态的多种组织结构。这些结构组成了Web 3.0科技体系的基本单元，包括新型组织管理体系去中心化自治组织（DAO）；Web 3.0的金融体系开放式金融（DeFi）；开放式金融下的市场经济体系，包括加密货币、代币经济和数字市场；激励个人用户获得更多分配的市场分配体系创作者经济；个人信息识别和保护体系数字身份以及在虚拟世界中构建新型营销模式的注意力经济。最后，本章将介绍一个在Web 3.0生态下，可应用于智能制造的重要系统，即网络物理与人类系统（CHPS）。

4.1　去中心化自治组织

Web 3.0的浪潮改变了互联网的组织架构，使Web 2.0中企业巨头保护的护城河不复存在，取而代之的是一种名为"去中心化自治组织"（DAO）的新型组织形式。这种新型组织形式将会成为Web 3.0体系下的管理体制。

4.1.1　DAO 的浪潮

2014年，以太坊联合创始人维塔利克·布特林（Vitalik Buterin）发布了以太坊白皮书，他提到了一种基于区块链技术的新型组织协同方式，也就是DAO。2016年5月初，以太坊社区的一些成员宣布成立The DAO这一平台。在太坊区块链上，DAO作为智能合约被构建。在DAO的创建期，任何参与者都可以换取一定数额的代币。The DAO取得了意想不到的成功，它收集了1270万个以太币（当时价值约1.5亿美元），成为有史以来最大的众筹案例。从本质上讲，如果项目盈利，参与者就会获得奖励。随着融资一步步就位，其市场价值将不可估量。

然而在同年的6月17日，The DAO被黑客发现漏洞（可"要求"DAO在智能合约更新其余额之前多次返还以太币），发起攻击，几个小时内有360万代币被盗，大约相当于7000万美元。重要的是，这个漏洞不是来自以太坊本身，而是来自建立在以太坊上的应用程序的缺陷。

不出所料，这次黑客攻击是DAO终结的开始，DAO安全问题受到了越来越多的用户的质疑。在2016年9月5日，加密货币交易所将DAO代币下架。

2017年7月25日，美国证券交易委员会发布了最终的裁决报告，报告指出："名为'The DAO'的虚拟组织提供和出售的代币属于证券，因此受联邦证券法的约束。本报告确认分布式账本或基于区块链技术的证券的发行人必须进行注册，否则参与未注册发行的人会因违反证券法而承担责任。"

按照美国证券交易委员会的说法，DAO及其所有投资者都违反了联邦证券法。虽然The DAO失败了，但是它为如何在区块链上建立一种新型的组织管理模式提供了宝贵的经验。现在，世界各地出现了许许多多的DAO组织。

4.1.2　DAO 的规则及比较

DAO是英文dencentralized autonomous organization的缩写，中文通常译为"岛"，是区块链技术的核心理念衍生出的一种新型的组织管理形式。在网络的一个共同体内，各个成员会为了达成共同的目标可自发产生共创、共建、共治的协同行为，而且各成员可以共享成果。

> **释义 4.1：去中心化自治组织（DAO）**
>
> 去中心化自治组织（DAO）也被称为分布式自治公司（decentralized autonomous corporation，DAC），是一种以公开透明的计算机代码来实现运行的组织，其不受控于单一组织或个人。

DAO的规则是由网络社群中各个参与者通过使用智能合约建立的，是DAO运行的基本框架。这些合约规定了基于区块链活动的决策方式。根据成员表决的结果可以实施某些代码来增加代币发售、销毁选定数量的储备代币或是向现有代币持有者发放特定的奖励。任何成员都可以充分了解协议在每一步的运作方式。

DAO的投票过程发布在区块链上，其投票权通常根据用户持有的代币数量分配，即"1币1票（1T1V）"。比如，拥有100个代币的用户的投票权是拥有50个代币的用户的两倍。1T1V设计根植于与股权证明相同的逻辑——进行治理攻击需要不良行为者控制非常大的股权。如果一个拥有25%总投票权的用户进行了不良投票，破坏了网络，也将伤害自己，威胁到自己所持股权的价值。

DAO通常拥有存放可以发行代币的金库。DAO的成员可以就如何使用这些资金进行投票，比如投票决定是否放弃金库资金换取资产。

DAO具有分布式运作、自治性、开发性和易管理等特征。图4.1中紫色色块罗列了DAO的特征，虚线区域内为传统公司的特征。通过对比可以看出DAO在信息化使用中更便捷、更灵活、更具全局观。

（1）分布式运作。与传统公司依赖于一个CEO或一小群董事会成员做出决策不同，DAO可以将权力分散到更大范围的用户中。只要用户持有代币，那么用户就可以参与到DAO社区的治理过程之中，为建设一个更好的社区建言献策。

（2）自治性。在DAO社区内不存在上下级关系，每个人都需要和他人通过达成社会契约的方式来进行合作。在这种情况下，就不会存在雇佣关系中的剥削行为。一旦一个人对某个合约不满意，他就可以立刻选择停止合约。

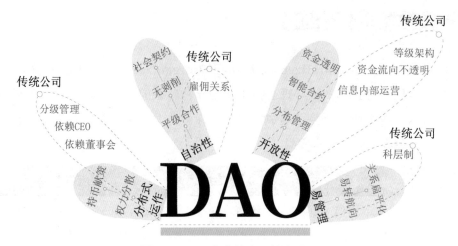

图 4.1　DAO 与传统公司的比对

（3）开放性。DAO摆脱了传统公司中以等级架构为基础的管理模式，被写入区块链的智能合约决定了一个网络社群的运作方式及资金的使用方式。DAO的管理模式是分布式的，而传统公司则采用分级管理的模式，等级架构较为复杂。基于DAO的资金流向是完全透明的，其运营活动是开放的，方便监管，而传统公司的资金流向和运营活动信息都局限在公司内部。

（4）易管理。DAO的生态防止了一个复杂的科层制的出现。在这个社区内人和人的关系处于简单的扁平化的状态。由于这种关系的存在，无论社区要向何方调转航向，都会比科层制的企业容易许多。

我们将图4.1中的区别总结为图4.2。传统公司以上下的科层组织进行管理，其运营方式完全不透明，各种决策往往由内部数位高层管理者来决定；分布式的DAO资金流向透明，由所有代币的持有者来共同决策，其管理模式和传统公司相比更加扁平，决策效率更高、更透明。

	DAO	传统公司
管理模式	分布式的	分级管理
资金流向	透明	几乎不透明
运营方式	开放式的	内部的

图 4.2　DAO 的组织方式和传统的组织方式的比较

4.1.3　DAO的五大功能

DAO本身只是一种组织形式，它本身的功能正在被富有创意的程序员不断开发。现在的DAO通常具备多种功能我们将其总结为五大功能，并列举了一些具有前沿性的例子，如图4.3所示。

图 4.3　DAO的五大功能

1. MakerDAO（社交 + 金融交易 + 储存）

MakerDAO是2014年在区块链上创建的开源自治组织。该项目发行一种名为MKR的治理代币，让所有人参与到Maker项目的治理。MKR的持有者可以通过执行投票和治理投票组成的科学治理系统管理和修改Maker协议。Maker社区还拥有一种稳定币Dai，参与项目的成员可以担保一定数量的资产来获得Dai。Dai币拥有贮藏、交换、记账和延期支付四大功能。整个社区还拥有博客和论坛供参与者进行社交活动。

2. Squiggle DAO（储存 + 金融交易 + 社交）

Squiggle DAO在2021年由5位年轻艺术家创立。这个组织的目的是推行一种叫做Chrome Squiggles的彩色线条NFT链上生成艺术。Chrome Squiggles是一种由计算机随机生成的彩色线条，但它同时具有货币和交易功能。任何互联网用户均可以购买Chrome Squiggles，在持有这种代币后就自动成为社区成员，可以用投票帮助社区发展。Squiggle社区同时也提供将个人的Squiggles转化为独一无二的艺术图形的可能性。

3. Bankless DAO（多媒体 + 社交 + 金融交易）

曾是追踪Web 3.0科技前沿的媒体Bankless，于2021年5月启动了Bankless DAO的提议。这一提议的目标是"通过创建用户友好的平台，让人们通过教育、媒体和文化去了解分布式金融技术，帮助世界走向无银行化"。Bankless DAO内有十几种行会，例如翻译者行会、律师行会等。每个行会都有自己的成员和聚焦的领域，用户需要获得行会内成员的认可才能加入行会。行会成员可以在各个社区频道讨论决定社区的发展方向。此外，Bankless DAO发行了自己的原生治理代币BANK来帮助社区内成员进行投票。

4.2 去中心化金融

互联网时代的金融体系在不断地变化，从传统的现金消费到支付宝、微信等移动支付，再到Web 3.0中去中心化金融（DeFi①）的发展探索。每一次金融体系的革新都会为社会带来巨大的变化。

4.2.1 从比特币到去中心化金融

2008年中本聪发布的著名的白皮书《比特币：点对点电子现金系统》中描述了比特币的原始计划和协议。这是分布式金融的一个分水岭，它为我们创造了两个不同的历史参考点——前加密货币和后加密货币。一切都始于当年的愿景，中本聪在这篇开创性论文的摘要中这么说：

"纯粹的点对点版本的电子现金将允许在线支付无须通过金融机构可直接发送。数字签名提供了部分解决方案，但仍然需要受信任的第三方来防止双重支出。我们提出了一种使用点对点网络来解决双花问题的方法。网络通过将交易散列到一个持续的基于散列的工作证明链中来对交易进行时间戳记，形成一个在不重做工作证明的情况下无法更改的记录。链不仅可以证明事件顺序，还可以证明它来自最大的CPU。只要大部分CPU能力由不合作攻击网络的节点控制，它们就会生成最长的链并超过攻击者。网络本身需要最小的结构。节点可以随意离开和重新加入网络，接受最长的工作量证明链作为节点离开时发生的事情的证明。"

中本聪的愿景非常简单，通过使用"时间戳交易"为交易创建一个点对点网络，通过将它们散列到一个正在进行的基于散列的工作量证明链中，形成一个在不重做工作量证明的情况下无法更改的记录。至关重要的是，该论文建立了比特币区块链的基础以及区块链的一般机制，包括加密哈希、工作量证明机制、节点等。

以上其实已经建立了分布式金融的雏形，但"去中心化金融"这个名字在2018年才诞生。2018年，以太坊的开发者集思广益，为在其区块链上构建的开放金融应

---

① DeFi，decentralized finance，又称分布式金融、开放式金融。

用程序群命名。有人提出了"开放地平线""开放金融协议"和"格子网络"等名字，但"去中心化金融（DeFi）"最终胜出，引发了一场全球性、无国界、无许可、分布式的金融革命。

4.2.2 去中心化金融是什么

去中心化金融（DeFi）描述了一种无须传统的中介机构即可运行的金融系统。我们已经习惯了通过银行和其他金融机构（如全球交易所）进行所有金融交易，DeFi却创造了另一种可能。DeFi使我们能够以更高效和透明的方式处理许多金融应用——如投资、保险、交换和借贷。它不是促进各方之间交易和服务的银行，而是使用开源协议和公共区块链开发形成一个去中心化金融运作的框架。

> **释义 4.2：去中心化金融（DeFi）**
>
> 一种创建于区块链上的金融，它不依赖券商、交易所或银行等金融机构提供的金融工具，而是利用区块链上的智能合约进行金融活动。

两个核心组件可以让财务系统发挥作用：一个是基础设施；另一个是货币。在传统的金融体系中，银行充当基础设施，法定货币（如美元）充当货币。DeFi取代了这些组件来提供全方位的金融服务。

目前可以建立DeFi的最大网络生态是以太坊，一个编写去中心化程序的平台。通过以太坊，我们能够创建智能合约——可用于管理金融服务的自动化代码。智能合约可以建立一套金融服务运作的规则并将这些规则部署到以太坊。一旦智能合约被部署，就无法更改。用户可在以太坊上构建应用程序来建立任何金融服务，还可利用智能合约自主管理这些服务。

为了创建一个可靠、安全的去中心化金融系统，DeFi系统需要一种稳定的货币。由于以太坊自身的可编程加密货币以太币具有高度波动性，DeFi通常不会使用以太币而是另外发行自己的稳定币。稳定币是一种将其价值与法定货币相匹配的加密货币。例如DAI就是一种与美元挂钩的去中心化稳定币——这意味着1 DAI的价值等于1美元。DAI的价值由加密货币抵押品支持，这是一种理想的货币。

图4.4给出了传统金融和去中心化金融在转账步骤上的比较，相较于传统金融操作烦琐、手续费较高的问题，去中心化金融显然在这些地方上做得更好。

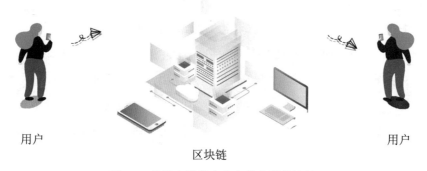

图 4.4　传统金融和去中心化金融的比较

4.2.3　去中心化金融的特征及七大应用

图4.5对比了去中心化金融、中心化金融以及传统金融系统在不同类别金融服务中的差异。

类别	服务	去中心化金融（DeFi）	中心化金融（CeFi）	传统金融
交易	资金转移	DeFi稳定币（DAI）	CeFi稳定币（USDC）	传统支付平台
	资产交易	加密资产DEX（Uniswap）	加密CEX（Binance）	交易所场外经纪人
	衍生品交易	加密衍生品DEX（Synthetic）		
借贷	抵押贷款	去中心化借贷平台（Aave）	中心化借贷平台（BlockFi）	贷款交易经纪人
	无抵押贷款	信贷委托机构（Aave）	数字银行（Silvergate）	商业银行
投资	理财产品	去中心化的投资组合（Convex）	加密基金（Galaxy）	基金

图4.5　去中心化金融、中心化金融和传统金融的特征

链上加密金融系统的资产交易都会通过加密交易所，不同的是DeFi的交易所是去中心化的。去中心化交易所（decentralized exchanges，DEX）作为替代支付生态系统，具有新的金融交易协议，出现在开放式金融的框架内，它是区块链技术和金融科技的一部分。与Coinbase、Huobi或Binance等中心化加密货币交易所（CEX）不同，CEX使用订单簿来匹配公开市场上的买家和卖家，并将加密资产保存在基于交易所的钱包中，而DEX是非托管的，利用点对点交易的自动执行智能合约，用户保留对其私钥和资金的控制权。

近年来大热的去中心化金融已经初具规模，我们总结了去中心化金融七大应用，即稳定币、借贷、换汇、金融衍生品、彩票、付款和保险。

（1）稳定币。尽管设计稳定币并不是设立DeFi的本意，但由于加密货币的价格极易波动，稳定币的价值存储功能在帮助用户使用DeFi相关的应用程序上发挥着重要作用。最广为人知的例子就是DAI，它是全互联网上最尖端的加密货币。

（2）借贷。如果说加密货币是去中心化的货币，那么DeFi就是去中心化的借贷金融。借贷可以说是金融基本的功能之一。

（3）换汇。如果你想要换汇，最常见的解决方案是使用交易所中介。然而大多数中介的程序都是中心化的，这意味着你无法真正控制你的加密货币。如果中介被黑客入侵，你将面临极大的损失。

目前来看，去中心化交易所（DEX）能够解决这样的问题，无须存储任何加密货币就可以在DEX中毫无风险地进行交易。

（4）金融衍生品。衍生品是代表现实世界中某些事物的资产。用户投资区块链上的此类资产时被允许访问现实世界的市场，同时提供去中心化网络的安全性。已经有不少DeFi平台发力于去中心化的衍生品市场。

（5）彩票。DeFi技术的不断发展创造了更多金融功能。拥有DeFi彩票时有多种方法可以将利润发送到另一个DeFi程序。

（6）付款。DeFi允许两个人之间进行去信任的价值转移，许多创造性的支付方式正处于试验阶段。

（7）保险。是否有可能在加密空间中拥有去中心化的保险？答案是肯定的。因为定在智能合约中的所有加密货币都容易受到黑客攻击，这一风险使保险有了用武之地。

图4.6对以上应用进行了总结。

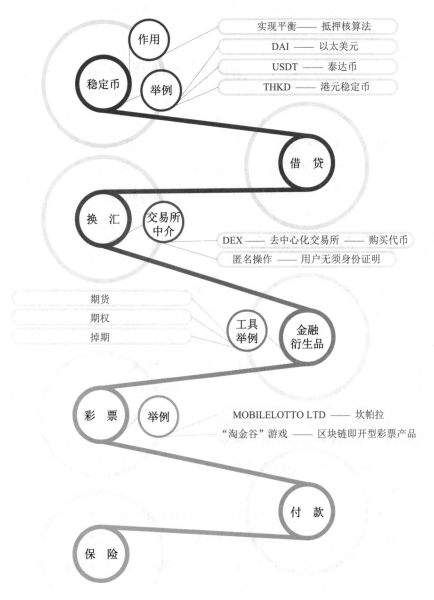

图 4.6　去中心化金融的七大应用

4.3 新的经济体系

在去中心化金融这一块地基上，需要有完备的经济体系，才能真正让Web 3.0的经济体制运作。本节将介绍关于Web 3.0经济体系的三个概念，即作为货币使用的加密货币、作为交换体系产生的代币经济以及不断进化的数字市场。

4.3.1 加密货币：去掉第三方

如今，人们的交易方式已经从传统模式转向了使用法定数字货币和加密货币的数字化方式。数字货币是政府发行的法定货币的电子形式；加密货币是一种由私人系统发行的非实物货币，它不受任何管理机构的监管。

加密货币无须使用第三方中介即可实现安全的在线支付。"加密"是指为了保护这些条目内容而使用的各种前沿性加密算法和加密技术。加密货币通常可以从加密货币交易所开采或购买。虽然加密货币很少用于零售交易，但是近年来其暴涨的价值让它成为一种流行的交易工具，甚至在一些情况下甚至可以被用于跨境转移支付。比特币和其他加密货币的核心技术是区块链技术。区块链本质上是一组连接的区块或在线账本。

每个区块都包含一组交易，这些交易已由网络的每个成员独立验证。每个新生成的区块在被确认之前都必须经过每个节点的验证，几乎不可能被伪造。在线账本的内容必须得到单个节点的整个网络的同意才能通过。区块链技术正服务于众多领域，例如供应链、在线投票和众筹等流程。

目前，世界上已经有多个国家政府表达了他们对加密货币的态度。2021年，萨尔瓦多成为世界上唯一允许比特币作为货币交易的国家。日本、欧盟和美国认定加密货币为合法财产，但相关的手续仍需要由政府来监管。中国则在2021年全面禁止加密货币交易。加密货币具有许多优缺点，详见图4.7。图中实线连接的为优点，虚线连接的为缺点。

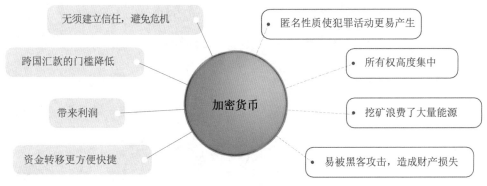

图 4.7 加密货币的优缺点

4.3.2 代币经济：价值象征

代币（token）的本义是指位于某个体系之内的价值象征，出了这个体系它就毫无价值。代币的核心价值在于对想要强化的目标行为用代币进行奖励和鼓励。得到代币的人可以用它兑换想要的物品、服务或任何形式的价值。在网络通信中，代币指代的是"令牌"，在以太网成为局域网的普遍协议之前，IBM 曾经推出过一个叫"牌环网"的局域网协议。网络中的每一个节点轮流传递一个令牌，只有拿到令牌的节点才能通信。区块链世界的"令牌"指的就是类似于比特币这样的代币。美国证监会倾向于认为，在实用型通证和证券型通证的分类下，除了比特币和以太币之外的所有代币都具有证券特征。

通证需要具备三要素：权益、加密、流通。第一个要素是数字权益证明，也就是说通证必须是以数字形式存在的权益凭证，它必须代表一种权利，一种固有和内在的价值。第二个要素是加密，也就是说通证的真实性、防篡改性、保护隐私等能力由密码学予以保障。每一个通证就是由密码学保护的一份权利。这种保护比任何法律、权威和枪炮提供的保护都坚固和可靠。第三个要素是可流通，也就是说通证必须能够在一个网络中流动，从而随时随地可以被验证。

图 4.8 展示了代币激励机制的循环。代币在 DApp 上作为价值载体流通，代表了交易者和投资者的期望价值。对于 DApp 来说，用户和开发者创造和提供了代币的价值。投资者则通过投资和投机来展现对代币和背后 DApp 的信心。代币本身和用户是互相影响的关系。例如，一个 DApp 的用户体验不佳就会造成用户的减少和代币价值的降低。同样，如果代币的流动性下降造成了价值降低，用户也会倾向于不再持有这种代币；反之亦然。

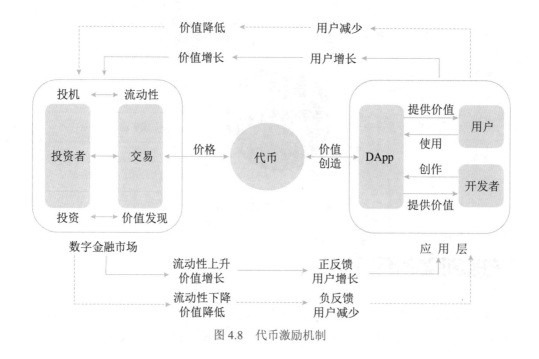

图 4.8　代币激励机制

4.3.3　数字市场：交易边界的扩展

　　市场是各方参与交换的系统，尽管各方可以通过易货交换货物和服务，但大多数市场依赖卖方提供货物或服务来换取买方的钱。可以说，市场是商品和服务价格建立的基础，市场促进贸易并促成社会中的资源分配，市场对任何可交易项目进行评估和定价。市场或是自发地出现，或是通过人际互动刻意地构建，以便交换货物和服务。

　　市场的地理边界可能差异很大，这个地理边界不仅仅指代某个国家或者大洲。伴随着互联网的发展，市场由实向虚，开启了数字市场的新篇章。Web 2.0时代以淘宝、京东及美团等平台为代表，通过实体经济与虚拟平台相结合的经济模式推动了数字市场的发展。中国的数字经济规模已经从2005年的2.6万亿元增加至2019年的35.8万亿元，数字市场的蓬勃发展催生了大量互联网企业与平台，数字市场的未来一片光明。

　　同现实世界的市场一样，数字市场同样会产生垄断问题。2022年3月25日，欧盟国家和欧盟立法者就《数字市场法案》（Digital Markets Act）达成协议。据了解，这一法案将瞄准互联网"守门人"，即市值达到750亿欧元、年营业额达75亿欧元，每月拥有至少4500万用户的大型互联网企业。值得注意的是，谷歌母公司Alphabet、亚马逊、苹果、Facebook（Meta）和微软等美国科技巨头均在欧盟的"狙击"范围内。如何处理数字市场内形成的垄断成为一个新的问题：如果Web 3.0无法打破"围墙花园"，那么它只能重蹈Web 2.0的覆辙，即大量的资源和流量被少数组织或个人掌握。

4.4 分布式数字身份

在现实生活中，每个人都可以使用身份证来证明自己的身份，身份证号码就是证明自己身份的唯一标识符。在互联网中，同样存在用户的身份认证问题。因此，数字身份应运而生。数字身份是一种数字化的身份标识方式。在Web 2.0时代，每当使用一个新App时，都需要注册一个新的账号。此时，"账号"就是我们在某个互联网平台的身份证。在Web 2.0时代，这种基于平台账户的数字身份有着诸多的限制，Web 3.0的数字身份是基于区块链技术的去中心化的身份。用户将完全掌握个人数字身份的所有权，是一种用户自主的数字身份。

> **释义 4.3：数字身份**
>
> 数字身份是一种数字化的身份标识方式，是基于互联网技术形成的可通过网络及相关设备等查询和识别的公共秘钥。

4.4.1 数字身份：一张新的名片

一个人在现实生活中可以用多种方式来证明自己的身份，去火车站时可以拿出身份证来取票，碰到交警时可以出示自己的驾驶执照，参加一个俱乐部活动时可以展示自己的会员卡。但在网络世界，证明自己的身份看上去是个难题：互联网公司并不能要求你每次访问他们的网站都出示自己的身份证，怎么确定访问他们的用户都是谁呢？为了更好地解决这一问题，出现了数字身份这一新的验证方式。

当一个用户在一个新网站注册账号的时候，这个网站就会为这个用户建立一个数字身份。每一次用户重新进入网站，都会经过相同的步骤来进行验证。首先，用户需要输入密码向网站提出进入的请求。然后，在密码正确的情况下，网站会比对登录者和数字身份中的信息。如果比对通过，那么网站会允许登录者进入网站，同时更新用户的虚拟身份信息。图4.9对这些步骤做出了一些总结。

图 4.9　数字身份认证的过程

　　数字身份的发展起源于20世纪90年代末期。当时用户访问大部分网站时只要输入密码就可以直接进入，带来了许多网络安全的隐患，于是微软公司就发明了自己的数字身份1.0作品：微软护照。微软公司的本意是通过自身强大的声望来成为网站和用户的中介。通过对用户数据的可视化，微软护照保障了账号的安全性。但由于极差的用户体验，微软的计划未能成功，数字身份1.0也就宣告失败。

　　第二波数字身份发展的浪潮始于2010年。当时脸书和推特正在全世界攻城略地，却不得不因为身份的滥用而停下脚步：仅在2013年，脸书的用户就在脸书和其相关的软件上使用了超过一百亿次的个人信息登录。怎么才能保护这些信息不被别有用心之人滥用？各大商业巨头因此推出了数字身份2.0。在这一版本中，网站会在用户注册账号时要求用户允许网站收集用户的信息，这样网站就可以根据用户信息来确定登录者是否真的是用户本人。

　　但这也带来了新的疑问：如果企业收集了过于详细的个人信息，那么又怎么保证企业不会拿着这些信息在没有用户许可的情况下进行活动？于是从2014年开始，诸如PayPal和亚马逊等公司研发的数字身份3.0就登上了商业的舞台。数字身份3.0的特点是用户只需要在一个公司内注册一个账户，就可以通过这个账户登录其他更多的网站。为了满足用户的隐私性，Venmo公司推出了只需要手机号码就可以转账的功能，这些功能大大地加强了用户信息的安全性。

4.4.2　数字身份与认证

　　Web 3.0的倡导者希望采用一种新的方法——分布式数字身份（DID）来解决网络身份认证的问题。DID是一种新型标识符，是可实现、可验证的去中心化数字身份。用户可以通过DID确定任何数字主体（例如人、组织、事物、数据模型、抽象实体等）。与典型的联合标识符（如驾驶执照和护照）相比，DID的设计使其可以与集中式注册表、身份提供者和证书颁发机构相分离，即用户可以对DID进行自主控制，无须得到任何平台或组织的许可。

每个DID文档都记录了加密材料、加密协议及服务端点等。用户将DID文档发送到区块链上，就可以保障其真实性、唯一性和不可篡改性。当用户需要验证某个身份或者登录某个应用时，就可以使用这个DID。这种身份验证系统可以有效地解决传统身份管理体系存在的各种问题。

公钥基础设施及去中心化的数据存储是保证DID顺利运行的关键。公钥基础设施（PKI）是一种信息安全措施，可为实体生成公钥和私钥。公钥密码学在区块链网络中用于验证用户身份并确认数字资产的所有权。区块链是一个开放且分散的信息存储库。公共区块链的存在不再需要将标识符存储在集中式注册表中。若有人需要确认DID的有效性，他们可以在区块链上查找相关的公钥，而不需要第三方进行身份验证。

DID的出现，解决了互联网中数字身份的"自我主权"（self-sovereign）问题。DID增加了个人对识别信息的控制，可以在不依赖中心化机构和第三方服务的情况下验证去中心化的标识符和证明，其提供了一种无须信任保障隐私的方法。此外，DID身份数据是可以移植的。用户将证明和标识符存储在移动钱包中，去中心化的标识符和证明不会被锁定在发行组织的数据库中。而且，DID能够识别一个人是否在互联网中拥有多个身份来游戏或进行网络诈骗。

目前，全世界已经有许多数字身份在Web 3.0下的应用，如KILT协议。KILT协议是由BOTLabs GmbH开发，提供完全分布式的开源区块链协议。它允许用户和企业发布可验证的匿名Web 3.0凭证。德国联邦经济事务和能源部现在就使用KILT协议来克服现有标识符的限制。2021年5月，KILT推出了SocialKYC这一产品，它提供了一种数字身份管理的方案。SocialKYC允许用户存储和管理个人信息，同时赋予用户决定平台能够读取哪些个人信息数据的权利。SocialKYC通过发布自我主权标识符、建立链上DID，将可验证凭证连接到DID。它允许用户在Web 3.0生态系统中根据自己的需要对相应的身份进行移植和移动，而不需要担心隐私数据泄露。SocidKYC目前已经适用于Twitter，不久后将扩展到其他社交媒体平台，如Discord、Github和Twitch等平台上。SocialKYC在未来将DID业务扩展到其他相关行业，如区块链游戏、数字医疗、分布式金融和元宇宙等。

4.5　创造者经济与注意力经济

为什么互联网内容的创造者能够有动力不断地创作并输出优质的内容？其原因就是受到了创造者经济这一理念的影响。创作者经济（creator economy）希望互联网平台能够重视创造者的权益，为创造者提供更多的利益，以吸引大量创作者源源不断地产出内容。

释义 4.4：创作者经济
在互联网技术辅助下，允许创作者通过他们创造的数字内容赚取收入的一种新型经济模式。

4.5.1　一百年以前到现在

大约一百年以前，人类生活在工业经济中，大部分劳动力需要参加工业生产，通过出售自己的体力劳动换取报酬，仅能满足基本的衣食住行。

第二次世界大战后世界发生了变化，从西欧开始人类社会进入了消费社会的阶段。人们开始用提供服务的方式获取报酬，他们挣钱的目的也不再仅仅是生存，而是满足个人欲望的消费。随着世界贸易的增加，大众看到了来自世界各地的新奇商品，他们为此进行了更多消费。电视和报纸作为这一时期重要的传媒，不断地向人们宣传时代潮流，进行推销和贩卖。

冷战结束后，世界经济的全球化将人类社会推进了互联网时代。互联网时代的科技取代了许多传统的职位，同时带来了更多新的职位。Web 2.0时代的人们已经可以通过自己的兴趣爱好来赚取金钱。从博客等文字平台，再到优酷和爱奇艺等视频平台，只要将自己的作品发布在互联网平台上，就能够通过浏览量及点击量获取相应的报酬。

1997年，斯坦福大学的保罗·萨弗教授提出了"创作者经济"这一概念。

创作者指的是提供有关主题的内容并从中获利的个人或群体。在Web 2.0时代，创作者通常需要依靠创作平台才能发表自己的作品，创作平台和创作者因此产生的矛盾始终无法解决。创作平台不需要进行任何创作，只需要通过不断营销来扩大用户就可以拿走大部分利润。与之相反的是，许多高质量内容的创作者花费了大量精力却得不到太多回报。

Web 3.0将极大地提升互联网创作者的价值。VentureBeat的作者Eric Freytag这样描述："和曾经数十亿人只能观看十个电视节目相比，如今我们拥有数以亿计的节目供您观看。哪怕你的爱好再小众，你也可以找到自己心仪的节目。节目的创作者始终会富有激情地进行创作。"互联网的建立激发了创作者的潜能。Web 3.0时代的创造者经济将提供一个更加公平的创作生态。Web 3.0的生态，弱化了第三方平台的力量，内容创作者及其受众不再依托第三方，可以直接进行交流。

图4.10展示了经济模式的发展历程。

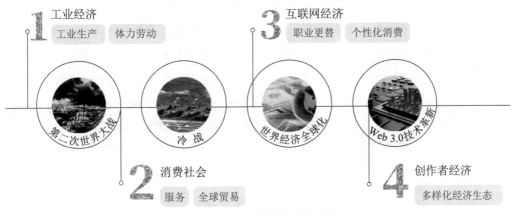

图 4.10 经济模式的发展历程

4.5.2 创造者经济的格局

2022年，现有的创作者经济的市场规模已达到1042亿美元。预计未来5年内，将有10亿人成为互联网中新的内容创作者。这一巨大的市场吸引了Web 2.0体制下的互联网内容平台尝试进行转型。YouTube的创作者经济报告表明YouTube旗下的伙伴计划已经拥有超过200万参与者。而在过去三年中，YouTube向其创作者、艺术家和媒体公司支付了超过300亿美元的利润与分红。YouTube的创意生态系统哪怕是在新冠疫情期间仍然为美国提供了394 000个全职工作。音乐公司Spotify也在2021年宣布与WordPress合作，通过其播客创作者平台Anchor将书面内容转化为播客，并同时推出一项允许创作者将视频添加到播客的功能。Spotify还通过Anchor为播客推出了投票和问答等互动工具。这体现了他们想通过社交平台进入创作者经济的愿望。Spotify

的首席执行官Daniel Ek说："我相信到2025年底，我们的平台上可能会有多达5000万的创作者。"

除了Web 2.0的巨头公司尝试转型外，还有许多小公司和社区正在尝试建立Web 3.0之下的创作者经济平台。比如电子音乐平台Audius，这个于2018年开始开发的平台在经过多轮融资后已经拥有了600万用户。Audius发行一种名为AUDIO的代币，用户可以通过AUDIO发布作品，获得流量，参加社区治理以及赚取利润。

4.5.3　注意力经济：管理信息的方法

注意力经济（attention economy）是一种管理信息的方法，它将人们的注意力作为一种稀缺的资源，并运用经济学理论解决各种各样的信息管理问题。因为人们在任何给定时间内的认知资源都是有限的，所以在信息爆炸的互联网时代，如何最大限度地吸引用户或消费者的注意力，通过培养潜在的消费群体，以期获得更大的未来商业利益就成为注意力经济研究的重点。注意力经济已经被广泛应用于网络营销中。

> **释义 4.5：注意力经济**
>
> 注意力经济是一种管理信息的方法，它将人们的注意力作为一种稀缺的资源，并运用经济学理论解决各种各样的信息管理问题。

1971年，经济学家赫伯特·西蒙首次提出注意力经济这一概念，指出在信息丰富的社会中注意力的稀缺性。他写道："在信息丰富的世界里，信息的丰富意味着有价值的信息的稀缺。"大量的信息造成了人们注意力的贫乏，因此商家需要在海量的信息来源中高效地分配和吸引用户注意力才能获得商业上的成功。西蒙指出许多设计师错误地将他们的设计问题描述为信息匮乏，而不是注意力匮乏，结果他们构建的商业系统只是向人们提供越来越多的信息而不是更好地优化注意力的分配。

1997年，迈克尔·海德博格发表了名为《注意力经济》的文章。这篇文章指出，互联网的出现大大地增加了社会的信息量。当今社会已经成为一个信息极大丰富甚至泛滥的社会。在这种情况下，注意力将代替传统经济中的劳动力、资源，成为最稀缺的资源。社会随后的发展也确实印证了这一论点。如今的人类社会被无数的信息包裹着，只要打开手机马上就能浏览到世界各个角落的最新信息。面对近乎无限的信息，如何能吸引人们的注意力，让人们的注意力聚焦在自己的产品上？这就是各大商业巨头最关注的问题。图4.11展示了注意力经济的几个基本关键字。

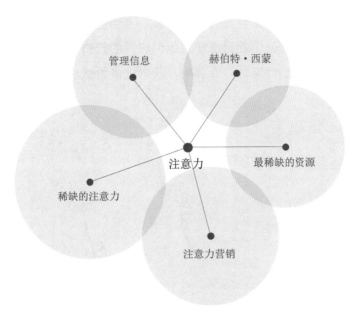

图 4.11 注意力经济关键字

绝大部分商家在互联网时代选择用注意力营销来推销自己的产品。注意力营销指的是个人或企业为了推销自己的产品或服务等而实施的各种活动。注意力营销的对象是消费者的注意力，其核心是获取更多的注意力。通常来说，注意力营销有两种主要方法：第一种方法是特色定位。互联网带来的海量信息允许小众爱好拥有自己的一席之地。个人或企业可以通过打造自身特色的标签来提供差异化的服务，吸引那些兴趣相关的消费者。第二种方法是事件营销。企业可以通过介入热点事件吸引关注并获得流量。

4.5.4 从注意力经济到创作者经济

Web 2.0由数量有限的大型科技公司控制。苹果、Facebook（Meta）、谷歌、TikTok和推特等公司完全掌控着这个生态系统。它们可以自行更改规则，收集用户数据。在分析用户个人数据后，有针对性地投放广告。Web 2.0的注意力经济存在数据泄露、无主导权及垄断等诸多问题，如图4.12所示，如在数据保护方面有数据泄露和数据去向不明的问题。

Cookie曾经是推动注意力经济和数字广告发展的关键技术之一。它们是用户浏览网站时，缓存在计算机上的小块数据，能够帮助网站有效跟踪及收集用户数据。用户的信息数据被收集后转卖给广告商，以便广告商精准地进行数字营销。通过这种模式，可以为谷歌创造每年数十亿美元的收入。用户量巨大的科技巨头掌握着大量的用户数据，对用户数据拥有绝对的所有权。在当前的注意力经济中，影响了创作者经济的发展。内容的创作者无法获得他们应得的价值，创作者如果想要获得更多的注意力，则需要向平台支付广告费用。获得更多价值的不是价值创造者，而是第三方平台。

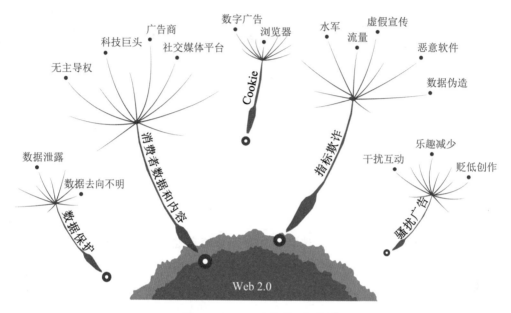

图 4.12　Web 2.0的若干问题

　　图4.12中的若干问题，可以在Web 3.0中得到合理的改进。在可预见的未来，Web 3.0将彻底改变消费者、广告商和社交媒体平台之间的关系。它将授予用户自主处理个人数据的权利，从而使得用户对数据有完全的控制权，甚至用户可以根据自己的意志选择是否将个人数据货币化。内容创作者也可尽量摆脱对第三方平台的依赖程度，从而将更多注意力放在输出更加优质的内容上，而不是将注意力放在获得平台更多流量上。例如，Permission是一个标记化的Web 3.0广告平台，它将品牌与消费者联系起来，通过数据和参与度发放加密货币奖励。又如，在Ocean Protocol平台可以以NFT和数据代币的形式出售数据的市场。

　　注意力经济的这些根本变化将指向一个创造者经济的新时代。在Web 3.0中，画家、音乐家和其他内容创作者无须求助于品牌或科技公司，他们可以通过捐款、合并销售和订阅直接从粉丝群获得经济奖励。这一制度能够帮助新人和小众兴趣创造者通过输出优质内容而获得收益。最终，这种生态会促进创作者们创作出更高质量的内容，为用户带来崭新的体验。

4.6　Web 3.0 生态下的工业——CPHS

随着信息技术的进步，智能制造经历了数字化制造和数字网络化制造阶段，正向新一代智能制造（new-generation intelligent manufacturing，NGIM）演进。智能制造的特点是能够将大数据技术、人工智能（AI）技术与先进制造技术深度融合。智能制造是新工业革命（工业4.0）的核心动力，是工业物联网建设的关键技术。网络物理与人类系统需要无处不在的数据连接、智能知识的发现与传输、不同应用程序间的互联互通和高性能人机交互平台。在Web 3.0时代，技术将发生革命性的变化，Web 3.0包含的技术栈是驱动智能制造系统的关键。

2020年，我国工信部发布了《关于推动工业互联网加快发展的通知》，强调工业互联网发展的首要任务是加快新型基础设施建设，明确"改造升级工业互联网内外网络、增强完善工业互联网标识体系、提升工业互联网平台核心能力、建设工业互联网大数据中心"四项基本工作。Web 3.0是工业互联网发展的强有力的技术保障，它将加速制造业的转型升级。

4.6.1　CPHS 的概念及背景

网络物理与人类系统（cyber-physical human systems，CPHS）是由人、网络系统和物理系统组成的复合智能制造系统，旨在以优化的水平实现特定的制造目标。与之类似的词语有社会物理信息系统（cyber-physical-social systems, CPSS）、HumanCPS（HCPS）。该领域研究认为CPHS、CPSS和HCPS所涉及的内容完全相同，它们是"元宇宙"的抽象化和科学化的名称。

> **释义 4.6：网络物理与人类系统（CPHS）**
>
> CPHS是由人、网络系统和物理系统组成的复合智能制造系统，旨在以优化的水平实现特定的制造目标。

CPHS由网络物理系统（cyber-physical systems，CPS）发展而来。CPS是将控

制、通信、计算和物理系统结合在一起的智能制造系统，其应用领域非常广泛，如交通运输、能源、制造、生物医学和农业。智能CPS已经越来越多地部署在工作场所、家庭或公共场所，协同人类工作，因此产生了CPHS。在技术方面，CPHS既可以揭示技术原理，又可以形成智能制造的技术架构。未来在交通、能源、制造业和医疗保健等以人为主的领域中，CPHS的混合智能系统将发挥更重要的作用。例如，智能制造的本质是在不同案例、不同层次上设计、构建和应用CPHS。

4.6.2　CPHS的架构及两个应用

CPHS 2.0的网络系统引入了一个新组件，使其能够利用新一代人工智能技术进行自我学习和认知，这导致在感知、决策、控制，以及最重要的学习和生成知识的能力等方面拥有更大的潜力。CPHS 2.0网络系统中的知识库由人类和网络系统的自学习认知模块共同构建，因此它不仅包含人类提供的知识，还包含网络系统本身学习到的知识，尤其是人类难以描述和处理的知识。并且，知识库在应用过程中通过自我学习和认知，能够不断升级、完善和优化。人类与网络系统之间的关系已经从根本上改变，机器从单纯执行人的命令到可以自主学习并自动化运行。本节将介绍两个CPHS在智能交通和智能工业的应用。

（1）智能交通的应用。智能交通系统包括智能交通监控基础设施、由实时交通数据预测分析提供支持的高级交通控制中心、与附近对等车辆交互的自动驾驶汽车以及交通控制系统。与CPHS相关的技术正在改变智能交通。交通系统的全息感知、无处不在的数据连接、智能知识发现、普适应用程序和人机交互平台等是智能交通的关键技术。通过它们，交通运输系统将变得更加绿色、智能、高效、便捷。

（2）智能工业的应用。图4.13展示了商业COSMOPlat平台作为系统级CPHS的应用与智能工业。这个CPHS平台允许用户参与从构思、设计、订购到拥有所有权的整个过程，其精髓是"以用户为中心"，核心是"用户连接"：用户与所有要素的连接、用户与机器的连接、用户与全流程的连接，最终实现大规模定制。网络物理人类系统为各个参与者都带来了更好的商业利益，并提升了服务水平。

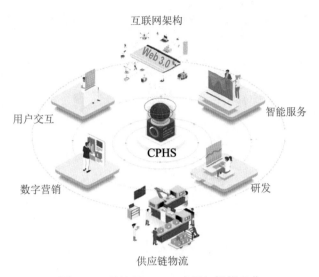

图 4.13 系统级 CPHS 应用与智能工业

第5章
Web 3.0的行业应用

当我们谈论去中心化网络时，首先想到的是去中心化应用程序为Web 3.0的基础设施提供支持。随着加密货币和区块链技术的扩展，构建Web 3.0集群的活动开始如火如荼地进行。行业专家正在设计创新的DApp，用来帮助扩展去中心化网络的容量，使其更加独立、安全和透明。

去中心化应用程序是在区块链或P2P计算机网络上蓬勃发展的数字协议或程序。这些应用程序采用去中心化的基础设施，不受单一监管机构的限制。目前，DApp一般是在使用智能合约技术的以太坊门户上设计的。DApp正在鼓励Web 3.0开发，并正在彻底改变工业领域的范围，包括金融、游戏、社交、医疗、媒体等。

5.1　去中心化应用程序

去中心化应用程序（DApp、dApp、Dapp或dapp）是可以自主运行的应用程序。DApp通过使用智能合约，可以在去中心化计算、区块链或在其他分布式账本系统上运行。与传统应用程序一样，DApp为其用户提供一些功能型或实用型的应用程序；与传统应用程序不同的是，DApp无须人工干预就可以运行，因为它不属于任何一个实体，占据主导的不是算法和数据结构，而是DApp中代表所有权的代币。这些代币根据编程算法分配给系统用户，稀释了DApp的所有权和控制权。因此，在没有任何一个实体控制系统的情况下，应用程序是分散的。

> **释义 5.1：去中心化应用程序（DApp）**
>
> 去中心化应用程序是在区块链或 P2P 计算机网络上蓬勃发展的数字协议或程序。

分布式账本技术（distributed ledger technology，DLT）已经普及了分散式应用程序，例如构建DApp的以太坊区块链以及其他公共区块链。DApp多种多样，应用也各不相同，包括交易所、游戏、金融、博彩、开发、存储、高风险、钱包、治理、财产、身份、媒体、社交、安全、能源、保险、健康等，如图5.1所示。

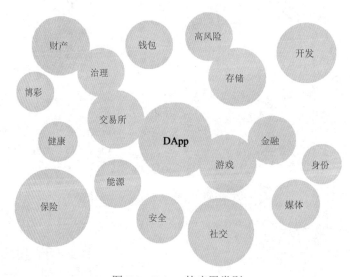

图 5.1　DApp 的应用类别

5.1.1 DApp 的分类与合约

根据运行区块链的不同，DApp分为以下三种类型。

（1）Ⅰ类DApp，其DApp在自己的区块链上运行。比特币和以太坊等区块链可以被归为I类DApp。

（2）Ⅱ类DApp，其DApp是在I类DApp的区块链上运行的协议。这些协议本身具有其功能所需的代币。

（3）Ⅲ类DApp，其DApp是使用II类DApp协议运行的协议。与II类DApp类似，III类DApp也具有其功能所需的代币。

开发人员不仅会使用智能合约来维护区块链上的数据并执行操作，还可以为单个DApp开发多个智能合约处理更复杂的操作。超过75%的DApp由单个智能合约支持，其余的则使用多个智能合约。由于部署和执行DApp智能合约会产生Gas费，即支付给区块链验证者的费用，而所需费用取决于其智能合约的复杂性。

5.1.2 关于 DApp，你需要知道这些

DApp使用共识机制在网络上建立共识。建立共识的两种常见的机制是工作量证明（PoW）和权益证明（PoS）。工作量证明机制是指利用计算能力，通过挖掘过程来建立共识。例如，比特币使用的正是工作量证明机制。权益证明机制是指用户将存入一定量的加密资产，成为某个区块链的验证者，然后验证者验证网络上的交易，将证明发送到区块链；如果正确，验证者将获得区块链的奖励；如果错误，他们将被罚款，失去全部或部分存入的加密资产。

DApp通过三种主要机制分发其代币，分别是挖矿、筹款和开发。首先，在挖矿中，代币按照预先确定的算法分发，作为对通过交易验证保护网络安全矿工的奖励；其次代币可以通过筹款来分发，即在DApp的初始开发阶段分发代币以换取资金；最后，开发机制通过预先确定的时间表，为开发DApp做出贡献的矿工分发预留代币。

DApp的形成和发展都会经历三个主要步骤：DApp白皮书的发布、初始代币的分配和所有权的分配。首先，发布白皮书，主要描述DApp的协议、特性和如何实现。然后，向支持网络验证和筹款的矿工及其利益相关者提供所需的软件和脚本。作为对矿工的奖励，矿工将获得系统分发的初始代币。最后，随着越来越多的参与者加入网络，无论是使用DApp还是为DApp开发做出过贡献的参与者，他们都可以

获得代币，代币所有权就会稀释，系统就会变得不那么集中。

DApp的后端代码运行在分散的对等网络上，这与后端代码在集中式服务器上运行的传统应用程序不同。一个DApp可以拥有前端代码和用户界面。这些代码是任何调用其后端的语言编写的前端代码。DApp已用于去中心化金融（DeFi），在区块链上执行金融功能。去中心化金融验证是点对点交易，这样可以降低成本。

所有DApp都有一个识别代码，该代码只能在特定平台上运行。需要注意的是，并非所有DApp都可以在标准网络浏览器上运行，其中一些仅适用于具有自定义代码的特殊网站，经过调整以打开某些DApp。DApp的性能与其延迟、吞吐量和顺序性能有关。比特币交易验证系统的设计使得比特币的平均开采时间为10分钟。以太坊每15秒减少一笔交易的延迟，这样就可以加快用户处理交易的速度。相比之下，Visa每秒处理大约10 000笔交易。最近的DApp项目（如Solana）正在试图超过这个速度。

对于DApp而言，不但高昂的货币成本是一个不小的障碍，而且小额货币价值的交易可能占转移金额的很大一部分。由于网络流量增加，对服务的更大需求导致费用增加。这是以太坊的一个问题，这归因于构建在以太坊区块链上的DApp，它们导致网络流量增加，例如不可替代令牌（NFT）的使用。交易费用则受DApp智能合约的复杂性和特定区块链的影响。

去中心化应用程序不仅可以广泛地被大众访问，还可以提供从商业服务到娱乐的各种功能。此应用程序在对等网络上运行，而不是在集中式服务器上运行。DApp是使用分布式账本构建的。它允许用户透明地完成交易，不需要信任中心点。在点对点网络中，去中心化服务器通常所做的一切都分布在网络的所有节点上，用户可以直接参与应用程序。但DApp也有一些不可避免的缺点，如处理速度慢、人工维护成本比较高。DApp的优缺点详情见表5.1。

表5.1　DApp的优缺点

DApp的优点	DApp的缺点
保护用户隐私：对言论自由感兴趣的支持者，可以将DApp开发为替代社交媒体平台，因为区块链上的任何一个参与者都不能删除消息或阻止发布消息	速度慢：在去中心化系统中，会出现一些交易在过程中发生延迟，增加网络执行过程的滞后时间

（续表）

DApp的优点	DApp的缺点
高度自治：与传统应用程序相比，这些应用程序被认为更安全，不存在任何安全漏洞，因为它们没有任何可引发威胁的中央结构	维护困难：DApp很难修改发布在区块链上的代码和数据。一旦部署了DApp，开发人员就会发现即使发现了错误也很难进行更改
降低成本：与集中式系统不同，集中式系统需要高昂的服务器安装成本，还要有专家来管理和维护服务器。这种分散的应用程序消除了网络成本	用户体验差：由于DApp致力于解决安全性和效率，因此忽略了最终用户体验。这可能会影响他们的数字普及率以及人们采用该技术的速度

5.2　社交网络

社交网络是指由许多节点构成的一种社会结构，代表了个人或组织间的社会关系。通常我们可以将社交网络抽象为一张由点集（个人或组织）和边集（社交关系）组成的图。

对于社交网络，学者们开展了很多研究，比如网络密度、聚类系数等，也发现了一些特性，比如小世界现象（见图5.2）。

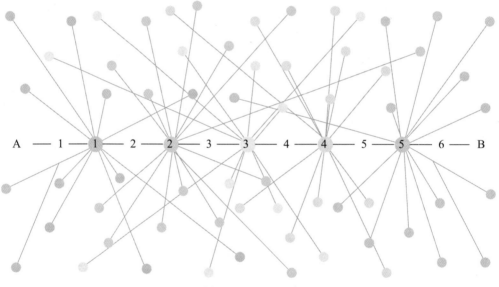

图 5.2　小世界现象

所谓小世界现象，是指地理位置上距离较远的人可能具有较短的社会关系间隔。早在20世纪60年代，哈佛大学教授Stanley Milgram就曾开展了小世界实验：他招募了一批志愿者，希望他们分别通过自己的私人关系，将一封信转寄给哈佛大学某学生的妻子和一个股票经纪人。实验结果显示，这些信件平均经过了6次转发。这就是著名的六度分割理论，即任意两个陌生人平均只需要6个中间人就可以建立联系。再后来，康奈尔大学的Duncan Watts和Steve Strogatz在*Nature*上发表文章*Collective Dynamics of "Small-World" Networks*，正式提出了小世界的概念，并归纳提出了"小世界"数学模型。

在 Web 2.0 时代，小世界现象得到进一步验证。Facebook 曾以自己的 7.21 亿个用户数据进行计算，得到每两个用户之间的平均距离为 4.74，也就是说任意两个陌生人在 Facebook 上平均只需 3.74 个中间人就可以建立联系。而在 Web 3.0 时代，无须经过传统世界的 6 次转发，任意两个陌生人之间完全可以通过 Web 3.0 直接建立点对点交流。

除了进一步缩短社交距离，Web 3.0 时代的社交网络还将解决 Web 2.0 由平台掌控社交网络带来的弊端，比如常引起热议的隐私保护问题。在社交网络中，用户会留下大量的痕迹，总是希望平台保护其隐私，但实际上平台出于商业目的总是在捕捉、分析甚至贩卖用户的痕迹。比如今天刚在网络聊天中和朋友提到想换沙发，之后打开网购平台，首页推荐充斥着各式各样的沙发。在 Web 3.0 时代，社交网络数据的所有权和治理权都归属于用户，区块链技术的信息加密特点也会让用户数据隐私得到更彻底的保护。

最重要的是，过去我们仅停留在二维平面的社交，现在升级为三维，你和你的亲友可以在社交 DApp 中拥有三维形象，还可以进行拥抱、握手等肢体接触。这相当于一个和现实世界一样的大型立体世界。现在市面上已经出现了一些社交 DApp，通常这些 DApp 至少包含以下三个核心组件。

（1）聊天与代币。沟通是社交网络的基本功能。在社区里成员可以开展讨论，但是想要参与讨论就必须获得会员资格，而确定会员资格的方式在许多 DAO 中是通过代币来实现的。所以用户通常会使用 CollabLand 等社区工具，让 DAO 代币化，CollabLand 支持服务于 Telegram 群组或 Discord 服务器。

（2）财库。社区运营和增长需要一定的资金。财库组件主要用于管理 DAO 的资产，用户通常会使用 Gnosis Safe 等多重签名钱包。

（3）治理。社区是用户自治的，需要进行一些集体决策。治理组件主要用于提案表决、治理历史查询等，用户通常会使用 Snapshot、SofeSnap 等投票工具。

大多数社交媒体平台，如 Instagram 和 Facebook（Meta），现已成为个人生活中不可或缺的应用软件。需要注意的是，社交媒体平台可以控制用户的个人信息和其他重要数据。因此，在保护数据隐私的呼声越来越高的情况下，社交媒体应用程序的去中心化需求显然是必要的。

5.2.1　Web 3.0 社交媒体

社交网络在生活中发挥着重要作用，改变了人们沟通、参与和建立社区的方式。然而，当代社交网络并非没有缺陷。它们具有约束性、审查性并服务于系统内部。大型组织或政府也可能使用社交网络对用户的意见施加影响，并试图对其进行适当的塑造。Web 3.0从根本上改变社交网络的运作方式。由于使用了区块链，Web 3.0社交网络将无法以任何方式受到限制，欢迎任何人，这个人无论身在何处都可以参加。Web 3.0社交媒体包含以下几个特点。

（1）没有收集和利用数据的中央机构。

（2）当用户得到某种资产的奖励时，他们就会得到授权。

（3）几乎在每一个方面，它都超过了Web 2.0的社交网络。

（4）用户的隐私受到保护，用户决定他们想分享什么以及何时分享。

（5）一些大型互联网垄断企业失去了垄断地位。

5.2.2　未来社交媒体

具有元宇宙元素的社交媒体最近备受关注，如新形态社交媒体Mastodon。与集中式社交网络不同，Mastodon（Mastodon是用于运行自托管社交网络服务的免费开源软件）不受个人或者某个公司控制，它可以在用户自己的设施中创建。任何用户都可以部署自己的社交网站或加入现有的社交网站。连接在公共网络中的节点允许其用户相互通信。同时，与实现SaaS的传统平台不同，Mastodon具有去中心化的架构。

随着这个社交媒体平台的出现，很多人都认为Meta正在获得对元宇宙的垄断。测试版发布两年后，2021年12月Meta终于推出了它的Horizon Worlds。Horizon Worlds可以通过Oculus VR眼镜进入。用户进入Horizon Worlds，在那里他们可以创建自己的头像，结识其他用户，寻找朋友并创建Horizon Worlds。创作者不能直接从他们的世界中赚钱。相反，Meta将1000万美元投入"创作者基金"，以奖励赢得比赛的社区创作者。与Roblox等应用不同，在Horizon Worlds中，创作者可以出售他们的游戏用来获得游戏代币。

这种社交媒体在2018年变得非常流行，并似乎随着元宇宙的炒作而出现了第二波流行。Zepeto是来自韩国开发商SNOW的一款应用。这是一个社交网络，其中使用人脸识别技术生成的虚拟头像代表用户，然后可以通过改变他们的外表、衣服和房子来定制这些虚拟人物，并通过将各种短语、手势或舞蹈相结合来创造独特的问候。Zepeto有一种用于购买新动作和问候的数字货币。

5.2.3 社交网络 DApp

社交网络DApp的功能应该包括简单友好的用户界面（UI）、安全便捷的登录窗口、用户专属的隐私设置、实时的消息通知以及自由开放的发言平台。目前市场上有以下几种社交网络DApp。

（1）Sapien。Sapien是一个独一无二的Web 3.0概念，它是一个使用以太坊区块链的去中心化的社会新闻网站。当涉及社会新闻时，它可以很好地替代Google或者Facebook（Meta）。

（2）Steemit。Steemit是一个基于区块链的博客和社交媒体网站，用户可以发布和策划内容来获得加密货币STEEM。Steemit是基于Steem区块链的去中心化应用程序（DApp）。通过对帖子和评论进行投票，用户可以决定这些帖子值多少加密货币。用户还可以获得所谓的"策展奖励"。它还是Reddit的替代品。

（3）Sola。Sola创建了社交网络和媒体的组合，它使用的技术是区块链和人工智能。它可以根据用户喜好向用户传播相关信息，所有这些都在人工智能算法帮助下进行，增加了投放的精准性，用户可以通过这种方式接收他们想要的内容。

5.3　数据存储

Web 3.0的兴起带动了去中心化存储的市场需求。根据Holon和Filecoin发布的最新报告，Web 3.0数据存储可以解决全球数据存储危机。Holon和Filecoin的合作报告指出，当前的集中式数据存储模型将无法处理未来的数据需求。根据该报告，全球数据生成量从2010年的2ZB增长到2022年的79ZB。物联网、电动汽车、虚拟现实和增强现实以及5G生成的数据将使全球数据增加300多倍。该报告指出，如果满足未来数据存储需求可能需要100万亿美元。

DApp在Web 3.0中的作用在云存储的实例中也体现得很明显。到2022年为止，现有的数据存储服务器，例如AWS，本质上是完全集中的。因此，存储在此类服务器中的数据更有可能在未经用户同意的情况下被修改甚至分发给第三方。相反，数据存储的分散式解决方案会避免用户将其数据存储在集中式服务器上。

5.3.1　数据储存的演进

在早期，Web主要是一种静态媒体，而Web 1.0版本是第一个引入网站的版本。这一突破性的创新为消费内容提供了强大的媒介，但是它的主要缺点是只允许单向通信。Web 1.0仅限于内容消费，而不是用户创建或贡献内容。与今天的网络版本相比，Web 1.0不能互动并显得有些无聊。同时，Web 1.0高度集中并由其创建者控制，创建者可以访问用户数据。结果，用户在Web 1.0中并没有发挥重要作用，他们只是网络内容的参与者，并没有内容所有权。

Web 2.0面向用户参与。Web 2.0允许用户阅读或者写作，创建博客、视频和其他内容。但是，用户做什么是有限制的。Web 2.0为用户提供了更广泛的创意可能性，例如创建自定义网站和直接与用户交互。这使他们能够提供Web 1.0中不可能提供的解决方案和服务。然而，存储和托管此类数据的服务器由大型科技公司拥有和管理。用户可以在互联网上创建和提交数据，但无法控制它。因此，基于Web 2.0的通信和存储是高度集中的。

Web 3.0走向去中心化。Web 3.0让用户通过去中心化控制他们自己的数据，并保留对存储和通信的权限。这个以用户为中心的Web版本在区块链网络上运行，它用全球数千台分布式计算机（节点）取代了单个服务器（集中式）。

5.3.2　如何选择Web 3.0存储方式

开发人员在选择Web 3.0数据存储方式时必须做出一些关键决策。首先，需要查看他们的数据并确定数据是结构化的还是非结构化的。结构化数据是存储在电子表格、JSON文件、XML文件或Notion数据库中的数据；图像、视频和其他多媒体是非结构化数据。其次，需要检查数据是私有的还是公开的。公开意味着在没有访问控制机制的情况下被访问。需要注意的是，加密不提供访问控制机制，并在密钥泄露的情况下无法撤销访问。

一个网络客观上不能优于另一个网络。在设计去中心化的Web 3.0存储系统时，需要考虑许多，权衡利弊。例如，Arweave可用于永久存储数据，但它不适合将Web 2.0行业参与者迁移到Web 3.0，因为并非所有数据都必须是永久的。因此，设计决策最终取决于网络的预期目的。

需要注意的是，许多克服分散存储挑战的策略并不比其他策略更好或更差。相反，它们反映了基于以下内容的设计决策，如图5.3所示。

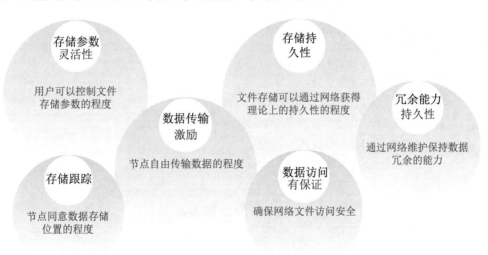

图 5.3　储存网络配置参数

5.3.3　DApp在数据存储中应用的案例

数据存储DApp应该具备以下特点：方便快捷、保护用户的隐私、存储费用低、访问存储数据时不受时间、地域的限制以及庞大的存储空间。目前市场上有以下几种数据存储DApp。

（1）Storj。Storj是一个很出名的去中心化存储系统，任何人都可以使用Storj存储数据。它不仅免费，而且任何人都可以轻松地在上面存储数据。它付款的方式也很方便，用户可以随时随地付款，不受限制。Storj代币为Storj平台提供了发展的动力。

（2）Sia。Sia是一个很有前途的去中心化存储系统，被视为Storj的主要竞争对手。Sia可以在发出文件之前将文件分成30份，当这30份文件被发送时，这30份文件依旧可以被加密。

（3）Filecoin。Filecoin是一种开源的公共加密货币和数字支付系统，旨在成为一种基于区块链的协作数字存储和数据检索方法。这款系统由Protocol Labs制作，Protocol Labs分享了来自InterPlanetary File System的一些想法，允许用户租用未使用的硬盘空间。Filecoin是一个开放协议，由一个区块链支持，该区块链记录网络参与者所有的操作，并使用区块链的本地货币FIL进行交易。截至2022年2月，Filecoin总存储容量为15.6EiB，存储的总数据为40PiB。

5.4 数字银行

金融市场是Web 3.0的一个重要应用领域。随着加密货币的飞速发展，对应的加密金融体系也在逐渐构建。按照是否依托交易所等中心化机构，加密金融体系可分为中心化加密金融体系（CeFi）和去中心化金融体系（DeFi）。CeFi类似于我们传统的实体金融运作体系，需要银行、交易所等维持运转，具有灵活度高、易于监管的优势。DeFi则具备安全性好、公开透明、不受任何人操控的特点。

5.4.1 数字银行：传统银行的自动化

数字银行是传统银行服务的自动化，是提高盈利能力的关键。它重新定义了银行业务，用在线业务取代了银行的实体业务，并解决了客户访问分行的需要。

数字银行提供银行服务，如余额查询、资金转账等。通过互联网上的智能设备，如智能手机、笔记本电脑、台式机等，这些服务可以通过Open API进行扩展，用户甚至可以管理他们的金融投资组合、检查信用评分、获得预先批准的贷款等。数字银行的主要功能和特点如图5.4所示，图5.4中圆形表示功能，矩形表示特点。

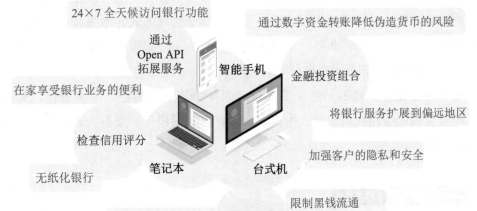

图 5.4 数字银行的主要功能和特点

相比于传统银行，数字银行具有更好的可访问性，无论是在办公室工作还是出差，用户只需在移动应用程序中轻扫几下，即可完成财务管理任务。数字银行具有更全面的银行业务经验，网上银行中的数字技术还创造了更流畅的、动态的用户体验。除了汇款和支付账单等典型交易外，银行客户还可以通过他们的在线账户预订酒店、购买活动门票甚至申请贷款。数字银行具有集中账户管理的功能，金融交易的身份验证既安全又容易，在卡丢失或被盗的情况下，大多数移动银行应用程序都允许用户实时冻结或取消他们的信用卡。

5.4.2 数字银行的市场

2021年，全球数字银行平台市场规模为208亿美元，预计2022年至2030年的复合年增长率为20.5%。由于智能手机、计算机通过互联网连接的普及率提高，人们对数字银行的需求正在增长。银行从传统网络向数字化和自动化平台的转变带来了几个优势，包括提高生产力、降低成本和增加收入。此外，最近云计算和存储的增长增加了此类技术在数字银行平台市场中的重要性。疫情时，网上银行活动增加，以前反对网上银行的客户和企业越来越欢迎数字银行。在现代环境中，客户经常使用移动设备访问众多数字服务，大量客户现在使用移动应用程序或移动浏览器访问他们的银行账户。

交互式移动银行网站和应用程序通过增强客户服务来帮助提高客户忠诚度。预计不断增长的智能手机需求将增加数字银行消费者的数量，进一步扩大对数字银行平台解决方案的需求。银行更频繁地与金融科技公司合作，这对双方来说都是"双赢"的局面，因为银行可以为客户提供灵活的资金管理方式并增强客户体验，而无须重新设计银行的系统。此外，交互式银行网站为企业提供稳定性和吸引新客户的机会，从而促进数字银行平台市场的增长。

全球数字银行市场的一些主要参与者包括中国工商银行、中国银行、美国银行、花旗集团、中国建设银行、中国农业银行、富国银行、摩根大通、汇丰集团、招商银行等。

5.4.3 数字银行DApp

数字银行DApp具有以下特点：用户可以远程开户、轻松自动实现扣款功能、实现数字化咨询和配置最高级别的安全功能。目前市场上有以下几种数字银行DApp。

（1）AiGang。AiGang是一款数字保险应用，AiGang网络的区块链协议将采用去中心化自治组织（DAO）和智能合约的物联网（IoT）设备提供新一代数字保险。此外，该平台通过协调保险池的市场预期为整个保险行业做出贡献，成员可以在平台上对任意产品做出评价。AiGang代币（AIX）用于奖励网络用户以获得准确的保险市场预测。

（2）Everledger。Everledger是一家独立的技术公司，使用包括区块链、人工智能、物联网等在内的一系列安全技术帮助企业展示和融合资产信息。它的主要战略是在市场中提高透明度和信心。通过以数字方式简化用户的合规流程，Everledger可以帮助用户更有效、更准确地共享资产历史记录。

（3）Cashaa。印度在线加密银行平台Cashaa是世界上第一个对加密货币友好的银行平台。面向加密业务和个人的全球银行解决方案，它提供快速的加密银行贷款和加密货币交易。

5.5　流媒体

流媒体（streaming media）是指将一连串的媒体数据压缩后，经过网上分段发送数据，在网上即时传输影音以供观赏的一种技术，此技术使得数据包得以像流水一样发送。如果不使用此技术，就必须在使用前下载整个媒体文件。流式传输可传送现场影音或预存于服务器上的影片，当观看者收看这些影音文件时，影音数据在送达观看者的计算机后立即由特定播放软件播放。

在Web 2.0时代，传统的自媒体平台上，创作者可以通过各式各样的工具自由发布内容，并获得一定的创作激励。但平台往往规定创作者发布的内容归平台所有，流量分发也受平台算法操控，平台对激励结算拥有绝对的发言权。而在Web 3.0时代，创作者将获得更多的自主权。

随着世界接受去中心化网络的概念，视频娱乐也将成为Web 3.0中DApp实例的重要亮点之一。YouTube、Netflix、Amazon Prime Video和Spotify等流行的流媒体应用程序本质上是中心化的。集中式平台可以对用户内容进行统一的审查和管理。

现在，DApp在音乐和视频流应用领域的应用可以得到合理的改进。内容创作者在解决版权问题的同时可以获得丰厚的回报，流媒体应用也从原来的YouTube、Netflix等一些中心化网络平台发展到现在的UjoMusic、LBRY、Livepeer等一些去中心化网络平台，如图5.5所示。用于音乐和视频流的DApp的著名实例包括UjoMusic和LBRY。

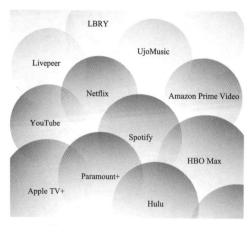

图 5.5　流媒体平台的发展趋势

5.5.1　区块链流媒体

区块链流媒体和分发网络可以直接将创作者与用户联系起来，在现代密码学和共识算法下加密数据，以确保即使是最简单的区块链解决方案也能防止欺诈。此外，像以太坊这样的区块链允许智能合约，也称为自主的、防篡改的解决方案（一旦写入网络就不可更改），在区块链网络上运行，在各方满足预定条件时自动传递资产。

在流媒体Web 3.0时代，创作者可以安全地上传他们的内容；应用程序创作者能够以基于加密的支付方式获得收入；在不收费的前提下，用户应该被允许访问最喜欢的创作者；智能合约下，用户可以在下载专辑后自动付款；等等。为了保持交易和信息的公开，使用区块链技术是必不可少的。Web 3.0流媒体平台应该允许创作者保留他们赚取的大部分收入，而用户不必再去看一些自己不感兴趣的广告。另外，简单的用户界面（UI）至关重要。

创作者和消费者访问区块链网络，无须任何中间控制器干预。内容创作者自己可以通过网络广播自己的内容，经其他节点验证后，用户可以直接访问。这消除了对第三方服务平台的需要，例如出版商或服务供应商。内容创作者可以通过区块链的视频流直接获得网络创造的财富。区块链流媒体可以为视频点播提供基础，用户只需为他们感兴趣的内容付费。视频创作者还可以利用区块链提供的强大受保护的视频存储加密框架。内容制作者可以从用户那里获得金钱利益，用户以加密代币或加密货币的形式每月支付费用以访问他们最喜欢的流媒体。

5.5.2　以太坊与DApp

我们现在将简要介绍创建以太坊"分布式应用程序"（DApp）的方法。DApp就像一个网络应用程序，在区块链网络上运行。虽然开发人员可以使用任何编程语言编写用户界面，但后端需要智能合约（智能合约在前面5.1章节有提及）的加持。DApp需要特定的技能来实现这一点。在遵循必要加密标准的去中心化区块链中，DApp也应该是开源的，并可以存储数据。DApp必须使用加密代币，但其不应该被任何一个人或任何一个公司控制，对DApp所有权的更改都必须得到用户社区的同意。

用户需要以太币在以太坊区块链上执行DApp并运行它（ETH）。为此，用户需要一个以太坊账户和一个钱包地址。以太坊中有两种类型的账户：外部拥有的账户（EPA）和合约账户。用户可以使用"eth-light wallet"快速完成注册。此外，用户必须创建自己的私钥和公钥，并确保用户的私钥安全。

要进行交易，用户需要一个用于创作者和消费者的DApp加密代币。应用DApp

的一个先决条件是使用加密令牌。

对于面向用户的区块链音乐平台，用户现在需要编写智能合约。带有"If-Then-Else"语句的智能合约是开源代码。它们基于触发器自动执行，可提前设定好，以传递加密资产。它们是智能合约所在的区块链数据库。因此，一旦区块链中添加智能合约，任何人都无法篡改。在区块链网络中，它们的执行结果也变得自动化，其实施是不可逆转的。程序启动后，用户无法更改智能合约协议并覆盖其执行结果。用户可以使用Ropsten测试网络（IDE）中的MetaMask和Remix集成开发环境来测试它们。总而言之，虽然不像创建Web或应用程序解决方案那么容易。但是，鉴于区块链技术的潜力，用户可以开发一个去中心化的区块链媒体平台。

5.5.3 流媒体DApp

流媒体DApp的功能应该包括简单友好的UI设计、透明的奖励机制、完全去中心化、用户与创作者高度交互功能等。目前市场上有以下几款流媒体DApp。

（1）Livepeer。Livepeer项目旨在提供一种完全去中心化、高度可扩展、加密Token激励的实时视频流网络协议。此外，Livepeer旨在为任何现有的直播平台提供一种经济高效的集中直播解决方案。

（2）LBRY。LBRY是一种新协议，它允许任何人构建与LBRY网络上数字内容交互的应用程序。使用该协议构建的应用程序允许创作者将他们的作品上传到LBRY主机网络（如BitTorrent），设置每个流媒体的下载价格（如iTunes），或免费赠送（如无广告的YouTube）。用户发布的作品可以是视频、音频文件、文档或任何其他类型的文件。YouTube、Instagram和Spotify等传统视频（或其他内容）网站将用户上传的内容存储在它们的服务器上，并允许观众下载，还允许创作者通过广告或其他机制赚钱。LBRY旨在成为这些网站的替代品，允许出版商及其粉丝直接互动。

（3）UjoMusic。Ujomusic是IPFS（星际文件系统）上音乐家的一个区块链市场。粉丝可以购买许可权，下载或试听喜欢的音乐，而粉丝支付的钱会自动分配给Ujomusic和该作品的合作方。

（4）Octi。Octi是一个沉浸式短视频平台，除了支持类似抖音的上下滑动功能，对于创作者来说，一旦创作者创作的作品受到用户的喜爱，创作者就会收到Octi奖励，在App内的Octi商店用户可以购买各种数字物品，甚至购买实物商品，并在制作视频的时候与这些物品通过AR的方式进行"互动"。创作者还可以将他们的NFT作品导入应用程序，一旦其他用户使用他们的NFT作品，创作者也可以获得Octi奖励。

5.6 链游

网络游戏和元宇宙一样具有虚拟特性，所以游戏是最先拥抱Web 3.0时代的行业。在传统网络游戏中，游戏数据存储在游戏开发者的服务器中，游戏规则也由开发者制定。虚拟资产难以变现，一旦游戏开发者关闭游戏服务器，玩家将一无所有。链游则是游戏和去中心化金融DeFi结合的产物。首先，在链游中，玩家的装备、角色、头像甚至ID都是区块链创建的数字资产NFT，这些资产都可以在交易平台上进行出售和置换，在现实世界中进行流通，并不受任何三方限制。所以在某种意义上，玩家可以真正实现边玩边挣钱。其次，作为具有去中心化特点的DApp，玩家可以通过游戏代币投票来参与游戏规则的修改、完善，节约剧情开发成本的同时也提升了用户参与体验。

游戏巨头Epic Games在2017年上线了一款大逃杀游戏——Fortnite，迄今为止这款免费游戏已经为Epic Games带来了超过12亿美元的收入。这款游戏有了一些元宇宙的元素，用户既可以进行社交，也可以体验大量的游戏场景，一定程度上还原了现实世界中密室逃脱、射击游戏等场景。但随着同类游戏的推出，以及Fortnite最好的玩家之一TFue因为违反EUL（Fortnite上的游戏条款）而账号被禁，很多用户转而关注别的游戏。用户对于账户不属于自己，游戏账号随时有被冻结风险的担忧，只拥有游戏账号的使用权的无奈，将在链游中被终结。Satoshis Games就推出了一款类似Fortnite的链游——Lightnite，这是第一款支持比特币闪电网络支付的多人在线游戏。在大逃杀的过程中，玩家被射中后掉落的不是血量，而是比特币，游戏获胜的奖品也具有比特币价值。

5.6.1 链游与游戏

链游（gaming and decentralized finance，GameFi）可看作视频游戏（gaming）和去中心化金融（DeFi）的结合。此类游戏的基础技术是区块链。在某些传统视频游戏中，主要的模式是通过付费获得优势，例如升级、减少等待时间或购买虚拟物品。GameFi则引入了玩游戏即赚钱（play to earn）的创新模式。在这种规则模式下，玩家通过他们的知识或投入的时间来赚钱。传统游戏以完全集中的方式来运作，工作室负责游戏的设计、制作、发行以及后续的版本更新。然而在大多数GameFi项目中恰恰相反：它试图让玩家自己参与决策。这个过程会产生一个被称为DAO（去中心化自治组织）的机构/组织。要加入DAO，玩家必须首先拥有GameFi的代币。代币的数量将决定玩家拥有的权力。

如前文所述，产生奖励的方式因游戏而异。然而，大多数GameFi项目都具有以下特点：①NFT。NFT是使用区块链技术创建的数字资产，NFT是独一无二的、不可分割的，并且只会有一个拥有者。与传统游戏一样，用户可以拥有以NFT为代表的头像、宠物、房屋、工具等。在GameFi里，用户可以将他们的资源用于改进其数字资产，然后将数字资产兑换成加密货币，从而产生额外的利润。②DeFi，即去中心化金融。DeFi不依赖银行、中央金融、中介机构，而使用区块链上的智能合约的金融系统/体系。因此，玩家可以利用他们的一些虚拟资产来赚取利息。

链游DApp具有以下几个特征：高度去中心化、游戏建立在区块链上、玩家可以参与游戏规则的制定、支付时使用代币或者加密货币等。目前市场上的链游DApp有以下几种。

（1）Crypto Dynasty。拥有近12 000名每日独立用户的Crypto Dynasty号称是第一款基于区块链的角色扮演、玩家对玩家（PvP）游戏。玩家可以创建最多三个"英雄"或战士，他们可以通过收集材料、锻造装备和骑乘坐骑（马、老虎、乌龟等）来获得经验并增强力量和能力。玩家还可以获得三国代币（TKT），这是一种有限的加密货币（限量为10亿枚），它使用户能够根据智能合约在两个市场中赚取物质或利润。

代币是通过各种成就收集的，包括交易、战场冲突、任务和PvP战斗。玩家只有在达到特定军衔后，才能质押TKT加密货币，然后从中赚取游戏红利。

（2）Splinterlands。从Steem成功过渡到Hive区块链后，卡片收集DApp Splinterlands正在成为DappRadar追踪的第二大受欢迎的DApp。Splinterlands可以说是将区块链功能与游戏集成的最佳案例之一，Splinterlands提供PvP体验，其中两名玩家从卡片集合中构建套牌，然后通过各自构建的套牌对战来决定胜负。

（3）Axie Infinity。受Pokemon启发的Axie Infinity已发展成为以太坊区块链上排名第一的NFT游戏，每月有超过7 000名链上活跃用户。Axie Infinity Universe通过"免费游戏赚钱"游戏玩法和玩家得到的收益来突出区块链技术的优势。

5.6.2　GameFi 行业的五大挑战

虽然GameFi行业吸引了大量玩家、投资者和游戏公司，但在它占据整个游戏行业的可观份额之前，仍然面临着许多挑战，如图5.6所示。

图 5.6　GameFi 行业的挑战

1. 安全问题

GameFi行业在2022年面临着严重的黑客攻击，这些黑客攻击可能对该行业的用户情绪产生负面影响。例如，2022年3月发生的Ronin bridge hack攻击，导致Axie Infinity玩家损失了超过6亿美元的加密货币。2022年9月，一款名为Dragoma的新推出的Web 3.0游戏遭遇了一次黑客入侵，导致用户损失了350万美元。这些只是GameFi入侵和诈骗所报告的一些损失。此类事件继续削弱用户对该行业的信任。

2. 游戏体验差

基于区块链的游戏存在可玩性问题。虽然基于区块链的游戏允许玩家控制和转移游戏内的资产，但图形、沉浸感和游戏玩法远远落后于行业主流竞争对手。许多区块链游戏缺乏"打磨"之外的游戏机制——完成重复性任务如何获得资产奖励。来自游戏玩家的抱怨表明，基于区块链的代币的吸引力并不能决定一切，玩家仍然更看重主流游戏提供的生动体验，而不是GameFi提供的好处。

3. 不确定的法规

许多GameFi平台都在监管灰色地带运营，未来几年的行业发展可能会面临重大阻力。目前，美国证券交易委员会（SEC）从"盈利预期"出发正在考虑是否将区块链游戏代币归类为证券。如果将它们归类为证券，将使它们处于监管机构的监管范围内。这将迫使许多GameFi平台对其客户和收入模式进行广泛披露，很有可能会削弱该行业的优势。

4. 技术复杂性

新颖的区块链概念通常会遇到无数的初期问题。例如，去中心化金融部门遇到了许多初期使用问题，因为许多用户发现平台难以理解和使用。又如，在GameFi平台购买和出售NFT是一件复杂的事情，并一直是新手面临的首要难题。

5. 受制于加密市场

GameFi是加密行业的一个子集，受到数字货币市场繁荣和萧条的影响。因此，GameFi板块在上升趋势中活跃度上升，在下降趋势中则下降。为了保持对GameFi平台的兴趣，开发人员必须开发出引人入胜的游戏，以帮助生态系统抵御市场下滑。

5.6.3 政策的合规性

1. 韩国立法禁止投机游戏

总部位于首尔的GameFi服务开发商Post Voyager的高级加密财务经理Oleg Smagin表示，韩国《游戏产业促进法》第32条禁止将游戏货币转换为现金。这限制了韩国人参与链游的积极性，进一步遏制了韩国人因为不清楚链游的模式而踏入坑里。早在2004年时，成千上万的韩国人正在狂热地玩一款名为"Seatalk"的街机游戏，玩家可以在游戏中赚取可以变成现金的优惠券。该游戏非常受欢迎，政府甚至认为这是一种危险的赌博形式，进一步限制了此类游戏的发展。Oleg Smagin表示，《游戏产业促进法》第32条被用来阻止Axie Infinity等赚钱游戏的发行。在监管机构的眼中看来，Axie与Seatalk没有什么不同，因为你可以去交易所，轻松地将你在游戏中赚取的代币兑换成现金。虽然韩国政府从经济上限制了此类游戏的兑现，但在韩国仍然可以在线访问Axie Infinity。

高丽大学国际网络法研究员Megan Huang表示，韩国监管机构已向苹果和谷歌发出正式请求，要求他们阻止从其应用商店进一步注册赚钱游戏。然而她认为禁令到底能起到多大的作用始终是个问题。

2. 日本可能称之为赌博

总部位于东京的律师事务所的So Sato表示，Axie Infinity游戏玩法的核心功能在日本或将被视为非法赌博，或受日本公平贸易委员会的《不当溢价和误导性陈述法》监管。由于用户必须支付一定数量的游戏代币来繁殖新的随机生成的"Axies"，有可能将新"Axies"的繁殖视为非法赌博。实际上在日本游戏赚钱的模式受到许多法律的限制，因为日本监管机构很容易将其视为赌博。So Sato还进一步表示，游戏的运作机制将受到日本消费者事务厅的不当溢价和误导性陈述法的监管。

3. 中国禁止一切相关的活动

中国是全球最大的游戏市场之一，对GameFi的禁令也是最严厉的。实际上在21世纪初腾讯就开发了一种名为QQ币的虚拟货币。QQ币与人民币的价值挂钩，可以兑换现金。而后中国政府监管机构于2007年全面禁止QQ币，任何可以兑换成人民币的游戏元素都是严格禁止的。甚至很多在线扑克游戏都被关闭了，因为游戏代币可以兑换人民币。

而后中国人民银行在2017年全面禁止加密交易，彻底消除了链游进入中国的可能性。在中国，虽然游戏是一种许可活动，但想要在国内发布游戏的开发商必须获得工信部等监管机构的批准。中国法律不推行GameFi平台，因为它涉及虚拟货币业务，例如加密钱包、交易所和代币交易等。

　　2021年10月，监管部门加强了对互联网企业发行NFT以及建立NFT平台的监管力度，并约谈了部分互联网企业。2021年10月23日，蚂蚁链平台以及幻核内页中NFT字样全部消失，一律改为数字藏品。根据其页面介绍显示，蚂蚁链对数字藏品的定义为"虚拟数字商品"；腾讯的幻核则将数字藏品定义为"虚拟权益证明"。上述两个平台都强调数字藏品不具备虚拟货币的属性。同时，双方都强调作为虚拟物品，数字藏品一经兑换/购买，并不支持退换。目前我国严禁炒作NFT，而NFT道具及资产是链游中重要的组成部分，因此，链游在我国的发展前景尚不明朗。

5.7　远程办公及学习

远程办公，也称为在家工作（WFH）。远程办公是一种雇佣安排，员工不需要到中心地点工作，例如办公楼、仓库或零售店。相反，员工可以在家中完成工作，例如在书房、小型办公室、家庭办公室或咖啡店。所有员工都进行远程工作的公司称为分布式公司。

随着Web 3.0概念的到来，去中心化远程办公这一概念应运而生。去中心化远程办公的中介费要么被免除，要么被保持在最低水平。因为没有中心化的权限，任何人都可以加入平台，没有任何限制。雇主或者用户可以通过加密货币接收付款。

5.7.1　去中心化技术的加持

如今，混合型和远程工作者希望他们的雇主提供技术，使他们的工作更有效率。为此，他们需要开发数字工具和移动工作站应用程序，以最大限度地提高工作效率。

去中心化技术是提供这些工具的最有效的方式。借助去中心化的工具和服务，公司可以为其员工提供一组可定制的工作场所应用程序，让虚拟办公室和实体办公室发挥一样的作用。去中心化技术可以为公司带来的效益，其带来改变的方向如图5.7所示。

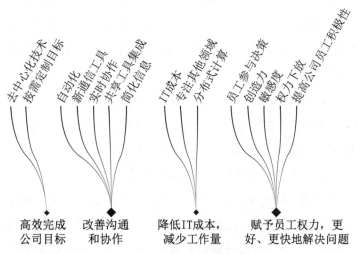

图 5.7　去中心化技术带来改变的方向

（1）高效完成公司目标。借助去中心化技术，公司可以定制其技术工具包以实现特定的公司目标，并根据每个部门或角色的需求进行选择个人目标。

（2）改善沟通和协作。Slack和Microsoft Teams等通信工具允许员工进行实时协作。这些工具还可以与客户关系管理（CRM）系统、数字内容管理平台和基于云的文件共享工具集成，从而为参与项目或交易的各方简化信息。

（3）降低IT成本，减少工作量。去中心化还允许非程序员创建和构建应用程序。这减轻了IT团队的工作负担，他们可以从中央服务器（而不是在每个个性化设备上）进行更新，并专注于网络安全等更重要的领域。

（4）赋予员工权力，更好、更快地解决问题。员工可以在决策中更加富有创造力，而不是通过公司层级来制定每个决策。权力下放不是让高层利益相关者搁置项目、问题和交易，而是鼓励员工更快地解决问题，从而提高工作效率。

5.7.2　远程办公DApp

远程办公DApp的特征是任何人都可以无条件加入平台，接受加密货币付款，随时随地办公等。目前市面上的远程办公DApp有以下几种。

（1）Horizon Workrooms。Horizon Workrooms是Meta公司推出的可搭配Oculus Quest2使用的元宇宙社交应用，VR用户可以通过一个实际的物理办公桌或平整的平台进行在线办公。在Workrooms的虚拟场景中可虚拟开会，一个虚拟会议室最多容纳50人，它的PC助手支持连接PC，进行桌面共享、文件共享等。

（2）Ethlance。Ethlance是首个完全建立在区块链之上的就业市场平台，仅使用加密货币进行支付。得益于这些技术，该平台可以以"0服务费"持续运行。Ethlance永远不会从自由职业者和雇主之间的交易中获得任何收益。Ethlance在公共以太坊区块链上运行，前端源文件用ClojureScript编写，并通过使用IPFS的去中心化文件存储提供服务。Ethlance是完全开源的。

（3）Atlas.Work。Atlas.Work是第一个在Atlas区块链上运行的去中心化应用程序。它充分利用智能合约和机器学习的能力，创建了一个去中心化的自由职业生态系统。Atlas.Work的内置能力使其能够提供综合服务，如教育、培训和项目管理解决方案。Atlas由人才入职、教育和去中心化工作环境平台组成。

（4）CryptoTask。CryptoTask采用复杂的算法直接连接雇主和自由职业者，以点对点的方式降低费用。GryptoTask在运行过程中，纠纷解决更快，用户的声誉存储在区块链上，用户的声誉不会被任意审查或篡改。CryptoTask收取的费用在所有自由平台中最低，基本不收取手续费，只是托管时收取3%的手续费。

5.8　Web 3.0浏览器

Web 3.0浏览器的特点有以下几个：Web 3.0网站内的信息可以直接和其他网站相关信息进行交互，能通过第三方信息平台同时对多家网站的信息进行整合使用；用户在互联网上拥有自己的数据，并能在不同网站上使用；完全基于Web，用浏览器即可实现复杂系统程序才能实现的系统功能；用户数据审计后，同步于网络数据。Web 3.0浏览器将用户带入去中心化应用程序（DApp）和数字经济的新世界。

5.8.1　Web 3.0浏览器：交互媒介

Web 3.0浏览器帮助用户与基于区块链技术的去中心化应用程序进行交互。分布式账本、人工智能、元宇宙等Web 3.0技术旨在创建下一代互联网，每个人都可以访问的互联网。Web 3.0浏览器的主要功能包括以下几种：不可变的生态系统、更快的浏览性能、用户匿名和保密、将加密货币钱包与多个区块链集成。此外，搜索引擎可以自动找到Web 3.0中标记的微内容文本，要求将无数宏Web 1.0内容转换为微内容。因为标记可以在一定程度上消除同音异义词和同义词引入搜索过程的不确定性，最终结果可能是更准确的搜索。

DApp和数字经济的世界由Web 3.0互联网浏览器提供。通过利用密码学和公共区块链，Web 3.0浏览器将控制权交给用户，取代了中心化机构。在去中心化社交媒体平台和Web 3.0浏览器上，如果用户观看精心挑选的广告，就会获得经济奖励。Web 3.0浏览器本质上是分散的应用程序，允许用户保留其数据的所有权并分享其收入。

Web 3.0钱包可以集成到传统的Web浏览器中，用户可以访问去中心化应用程序而不需要其他中介机构的帮助，同时用户仍保持对其资产的完全所有权。用户可以使用Web 3.0钱包有效地存储和管理加密资产。但是，一个人如果忘记了他的密码和密码提示，他可能会失去Web 3.0钱包里的资金，这与中心化托管钱包有所不同。

5.8.2 盘点不同的Web 3.0浏览器及其特点

不同的Web 3.0浏览器有不同的特点，如图5.8所示。

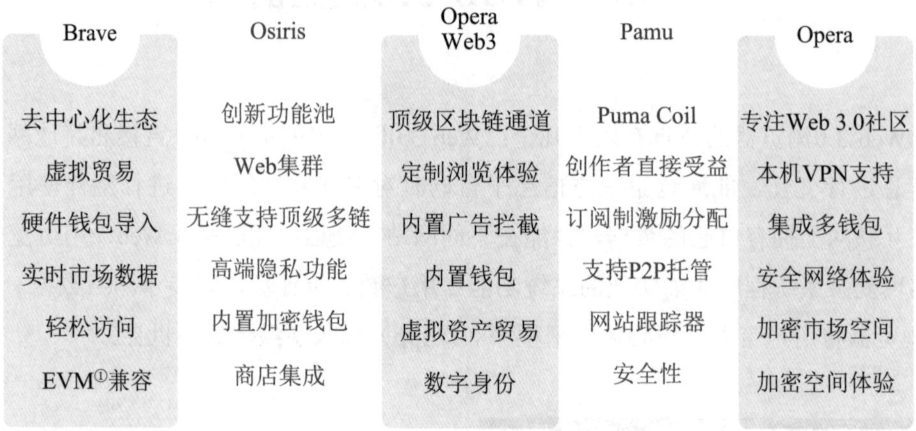

Brave	Osiris	Opera Web3	Pamu	Opera
去中心化生态	创新功能池	顶级区块链通道	Puma Coil	专注Web 3.0社区
虚拟贸易	Web集群	定制浏览体验	创作者直接受益	本机VPN支持
硬件钱包导入	无缝支持顶级多链	内置广告拦截	订阅制激励分配	集成多钱包
实时市场数据	高端隐私功能	内置钱包	支持P2P托管	安全网络体验
轻松访问	内置加密钱包	虚拟资产贸易	网站跟踪器	加密市场空间
EVM①兼容	商店集成	数字身份	安全性	加密空间体验

图 5.8　Web 3.0浏览器及其特点

1. Brave 浏览器

凭借强大的去中心化生态系统，Brave浏览器在最佳Web 3.0浏览器列表中排名第一。它作为目前市场上最受欢迎的Web 3.0浏览器，拥有超过2500万用户。该浏览器可免费使用、开源，以隐私为中心。Brave用户可用的一些显著功能包括支持广告拦截器、集成虚拟货币钱包、集成星际文件系统或IPFS等。该浏览器内置钱包称为Brave钱包，允许用户安全地交易加密货币。

用户可以使用Brave做的事情包括以下几个：存储、购买和交换虚拟资产；通过Wyre购买法币；享受NFT和多链设施的使用权。Web 3.0DApp通过将Trezor和Ledger等硬件钱包导入网络，实现对它们的支持。一些区块链在首次推出时是不兼容 EVM的，随着这些链（Polygon、Binance Smart Chain、xDai、Avalanche 等）开始支持EVM，用户不需要 LedgerLive（一种加密钱包），可以直接通过 CoinGecko 访问市场实时数据。

2. Osiris 浏览器

Osiris浏览器提供了多样化的创新功能池，使其适用于去中心化的Web集群。它

---

① EVM，以太坊虚拟机。

为多个顶级区块链提供无缝支持，并可通过重要门户轻松访问。此外，Osiris强调高端隐私和以用户为中心的功能。

Osiris浏览器的显著特点有以下几个：提供将Metawallet作为内置加密钱包解决方案的支持；具有友好的用户界面；以更低的成本跨区块链网络提供更快的TPS速率，是DApp开发人员的合适选择；使用Osiris Armor功能，用户可以访问内置的广告拦截器；有助于确保网络跟踪器和数据收集器的安全；DApp商店允许用户以有效的安全性从风险因素中浏览DApp。

3. Opera Web3浏览器

Opera Web3浏览器是去中心化集群中评价较高的浏览器之一。该浏览器以快速、高效和以隐私为中心的界面而闻名。因此，它成为此顶级Web 3.0浏览器列表中的重要条目。

Opera Web3浏览器的显著特点有以下几个：提供对ETH、TRX、CBK等多个顶级区块链通道的支持；提供以调整广告为特征的定制浏览体验；有一个内置的广告拦截器来阻止未经授权的跟踪和数据收集；该浏览器有一个内置钱包，用于存储和交换虚拟资产、用户可以将私钥存储在智能手机设备上，从而使该设备成为多钱包的硬件钱包。

4. Puma浏览器

该浏览器旨在为用户提供高端隐私标准。Puma是一款适合移动设备的浏览器，可在Android和iOS界面上轻松访问。它提供了一个以用户为中心的门户，可从其强大的去中心化界面浏览各种DApp。

Puma浏览器的显著特点表现为以下几个：一是内置网络货币化工具，这个网络货币化工具称为Puma Coil。该工具可以帮助创作者在不受干扰的情况下直接获得奖励。二是该浏览器采用订阅制进行激励分配，参与者可以通过每月花费5美元并停止所有广告来访问优质内容。三是该浏览器支持P2P文件托管服务。

5. Opera 加密浏览器

Opera团队于2022年1月19日推出了Opera Crypto Browser，这是一款完全专用的Web 3.0浏览器。目前，该项目处于测试阶段。它是一个独立的浏览器，专注于为Web 3.0社区服务。

该浏览器的显著特点表现为以下几个：具有本机虚拟专用网络（VPN）支持；

有广告拦截器，可提供安全的网络体验；基于Chromium的浏览器，支持多种网络钱包，用户将被允许在其PC上下载各种钱包扩展应用并实现钱包之间的无缝切换；Crypto Corner页面提供对加密市场空间的所有最新消息的访问，用户可以在页面中找到与加密货币、区块链、未来空投、NFT、加密社区以及教育内容（例如有关加密的播客和视频）相关的新闻；原生加密钱包允许用户在不安装扩展程序的情况下访问他们的资产并登录DApp；目前，它支持ERC-20代币、ERC-721代币、以太坊和NFT；用户可以使用法定货币购买加密货币、交换加密货币并安全交易。

Web 3.0正在迅速发展，公司和技术专家正在试验创新产品。加密货币、去中心化应用程序和元界技术的使用正在不断推动Web 3.0的发展。Web 3.0是去中心化的，因为它秉承开源和以创造者为中心的互联网理念。向Web 3.0浏览器的转变使互联网用户可以将Web视为数据自由使用的门户。

5.9 数字医疗

在过去几年中，医疗数据呈指数级增长，并通过系统、设备和传感器来收集。由于数据以患者医疗症状和问题、观察结果、诊断、服用药物、应用程序的形式收集，它们通常被记录在电子病历（EHR）、电子健康记录（EMR）、实践管理系统等记录系统中。随着收集数据的丰富，智能系统使医生能够在不同症状之间建立联系，提供准确的诊断并提供适当的治疗。5G带来更强大的数据处理能力和更快的信息传播速度，身临其境的体验将不再局限于游戏，分析和创建数据上下文的能力将推动医疗保健领域产生许多Web 3.0创新。

医疗保健中的Web 3.0正在彻底改变患者的数据管理并协助组织医疗记录。日复一日，各种服务和解决方案都在Web 3.0中构建并用于医疗保健。图5.9显示了Web 3.0在医疗保健领域的发展。由图5.9可见，用于医疗保健的Web 3.0是有益的，它提供了多种实例，例如追踪假药、数据安全、元宇宙手术等。

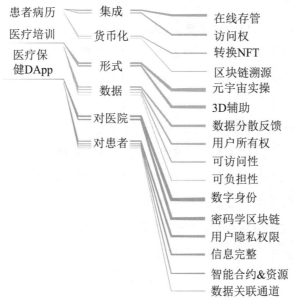

图 5.9 数字医疗发展一览

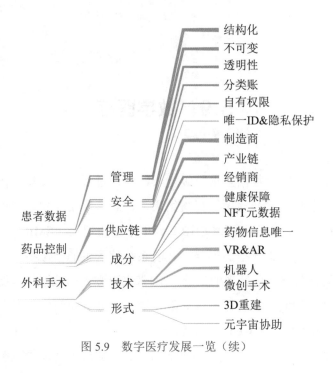

图 5.9　数字医疗发展一览（续）

5.9.1　患者数据

　　数字医疗的 Web 3.0 主要用于医疗保健机构的数据管理。每个到医院就诊的患者都有独特的症状、疾病和治疗方法。因此，每个人都需要一份单独完整的医疗记录，这对于医院来说工作量巨大，因为每天可能有成百上千的患者访问该医院。这可能导致信息过载的无组织数据管理。此外，健康记录大多存储在患者无法访问的集中式服务器中，被剥夺了患者的知情权。

　　区块链作为 Web 3.0 的基础，可以辅助处理患者数据。它用一种结构化的方式将数据存储在不可变的记录分类账中。由于其透明性，访问信息的人可以看到信息中的任何更改。此外，患者可以控制他们的数据并拥有向他人提供访问权限的权利。

　　医疗保健提供者使用智能合约将患者的健康记录并存储在区块链上，然后需要生成公钥或唯一 ID 才能访问数据。任何想要访问数据的医生都必须拥有公钥或 ID。没有公钥，区块链就不会向医疗保健专业人员透露任何数据，持有密钥的患者可以在需要时与专业人员共享。这使患者成为自身数据的所有者，也使患者极其敏感的信息得到隐私保护。

　　目前的医疗保健数据管理容易出现安全漏洞，很容易被黑客入侵，如何保护患者的个人隐私数据，是目前亟待解决的问题。根据 HIPAA 期刊提供的统计数据，

2022年1月，有500多条医疗保健数据被报告给美国卫生与公众服务部（HHS）民权组织（OCR）。随着数据泄露事件日益增多，患者的数据安全引发了全世界的关注。

区块链拥有去中心化、分布式和不可变的账本，是防篡改的。一是数据分布在节点上，攻击者需要攻击网络中的每个节点来破解、更改或删除数据，这几乎是不可能的。二是，访问数据需要患者的许可，由于数据的透明性，其他人私自篡改数据是不可能的。因此，与集中式系统不同，这种分散式医疗保健系统结构将有助于减少当今存在的众多数据安全问题。未经用户的许可，任何人都不得滥用、访问或出售用户的敏感信息和个人数据，从而为用户提供隐私保护和更多安全性，医疗保健提供者可以安全地存储敏感信息，而不必担心数据泄露。

5.9.2　药品控制和外科手术

由于传统的药品供应链缺乏透明度，伪造药品成为医疗保健行业的主要问题。非法药物制造商篡改和伪造原药，导致药物所需成分减少或标签上未提及的活性成分减少。这会影响患者的健康，甚至可能进一步恶化他们的疾病。尽管药品制造商正在寻找解决假药威胁的措施，但非法制造商依然猖獗地制造并销售假药。

数字医疗中的Web 3.0将有助于追溯市场上的假药源头。在区块链生态系统中，每个交易细节都添加到区块中，无法编辑、更改或删除，并且交易记录也带有时间戳。所以，如果整个供应链都上链，每一种药品在流通前都在链上登记，就可以解决药品造假问题。如果在区块链上找不到任何药品记录，则可以很容易地将其识别为伪造药品，并在到达消费者之前从供应链中剔除，保障了药物的真实性。Web 3.0还可用于跟踪药物的分配，识别低效率，找出供应库存的任何变化等。

如果每种药物都有一个可以简化跟踪过程的令牌ID（NFT），则可以进一步加强药品供应链的安全性。此外，每个NFT元数据都会存储每种药物的唯一性或信息。

目前，医疗领域的AR、VR、机器人和微创手术等技术正在兴起，而先进技术生成了患者身体的3D视图，帮助医生计划和执行外科手术。但是，AR和VR本身无法做出临床决策，元宇宙则满足了医疗专业人员进行适当外科手术的需求。

Web 3.0集成了AR、AI、VR、3D重建、区块链等多种技术，提供了一个独特的生态系统来进行手术。通过元宇宙，患者不一定由当地医生进行手术，他们可以邀请世界各地的医生。然后，这些医生通过Web 3.0网络查看患者资料并确定最适合的治疗方式。在某些情况下，一个地方的外科医生还可以与另一个地方的有名的外科医生合作完成手术。这在无法针对特定疾病进行手术的国家或地区是有效的。

5.9.3 患者病历

在Web 2.0医疗系统中，如果患者到不同的医疗机构就诊，每个医院都为患者保存单独的病历档案。比如说，患者去10家不同的医院，他们将在所有这些医院中拥有10份病历档案。这可能导致一个支离破碎的医疗保健生态系统，患者健康记录以非结构化方式分散在各个平台上。

而采用Web 3.0技术进行病历的保存和管理，每条病历都可以由患者自己保存在一个地方。如果患者转向其他医疗保健专业人员，他们的病历同样可以被访问。这样，患者就不必随身携带文件，也不必向每一个医生解释他们的病史。

此外，患者可以将其医疗记录转换为NFT来将其货币化。他们可以将记录铸造成NFT，将它们存储在区块链中。这些NFT是可追溯的，除了患者之外，没有人可以访问。另外，他们可以将其出售给愿意利用这些数据进行研究或开发新医疗产品的医疗专业人员或第三方。

5.9.4 医疗培训

当前的医学培训实践仅限于2D图像和视频，学生只能观看和学习。许多医学培训机构允许医学生在尸体上练习，但这有道德和法律问题。在这方面，元宇宙技术的兴起被视为一种解脱。各种医疗培训机构已经使用AR、VR和MR技术向学生传授人体解剖学知识，使学生能够观看人体细胞的3D视图。3D可视化有助于在不涉及任何风险因素的情况下提供身临其境的体验、社会交流和引人入胜的环境。学生还可以在虚拟世界中进行虚拟手术，这样就能在进行现实手术之前获得动手经验。

Web 3.0有可能给医疗保健行业带来根本性的变化。它可以让患者自己保存医疗数据，而不是将数据保存在大型医疗公司的医疗体系中。然而，这些数据目前处于医疗机构的控制之下，他们拥有对这些数据做任何事情的权力。在用户不知情的情况下，医疗机构可能将其出售给第三方以获取巨额利润。

将Web 3.0集成到医疗保健中可以将数据的权力交还给用户，并帮助建立结构化的数据管理系统。存储在Web 3.0中的数据是分布式的、个性化的和可追溯的，最终能够增强医疗保健系统的透明性及可访问性。

5.9.5 医疗保健 DApp

区块链的承诺对医疗保健生态系统的利益相关者具有广泛的影响。利用这项技术有可能连接分散的系统，产生精准的洞察力，并更好地评估护理的价值。长远来看，一个全国性的电子病历区块链网络会提高治疗效率，并为患者提供更好的健康效果。医疗保健DApp的特点包含以下几个。

（1）患者数字身份的分布式框架使用通过密码学保护的私有和公共区块链，创造了一种单一的、更安全的方法来保护患者身份。

（2）每个患者的数据，如以前的医疗报告，有关主要疾病和过敏的信息将存储在这些区块链中。

（3）智能合约创建了一种一致的、基于规则的方法来访问患者数据，这些数据的访问权限可以被授予选定的卫生组织。

医疗保健DApp允许3个实体在医疗保健DApp中注册，即患者、医生、保险公司、制药师。患者的完整数据与他/她的Aadhar卡（类似于身份证）相关联。未经患者批准，一般人不得查看患者以前的记录，只有医生才能在紧急情况下查看患者的基本医疗信息。

未来，对于存储量较大的数据文件，医疗保健DApp将加密存储在云服务器上的链下数据，其密钥将存储在区块链中并是唯一的。对于各国政府来说，该DApp将在真正的受益者和政府之间建立直接通道。长远来看，医疗数据资源将得到良好利用。

第6章
Web 3.0与SaaS平台

根据风险债券投资机构毅峰资本最近的一项分析，Web 3.0、软件即服务（software as a service， SaaS）和金融科技将成为2022年投资者的主要优先投资领域。SaaS这一概念在近几年甚是红火。以SaaS为基础的应用已经深入我们的日常生活，例如电子邮箱、办公应用程序、数据存储等。大部分软件已经从传统的软件模型转变为SaaS模式。SaaS模式不同于传统的软件销售模式，它不是"一锤子买卖"，而是"细水长流"地为用户提供服务。本章将为大家介绍SaaS平台的概念和应用，以及如何将自身优势和Web 3.0技术组合升级。

6.1　SaaS 平台是什么

软件即服务（SaaS）是随着互联网的发展兴起的一种软件交付模式。与传统软件不同，用户无须在计算机上安装软件客户端，只需要通过网站或应用程序就可以使用软件服务。SaaS是一种基于云向用户部署软件的技术，应用程序托管在可能远离用户位置的云服务器中。SaaS已成为各种业务应用程序的流行交付模型，包括办公软件、消息传递软件、工资单处理软件、数据库管理软件、CAD软件、开发软件、游戏软件、虚拟化软件、会计软件、协作软件、客户关系管理软件、管理信息系统、企业资源规划软件、发票软件、现场服务管理软件、人力资源管理软件等。几乎所有能想到的企业软件供应商都加入了SaaS解决方案。

> **释义 6.1：软件即服务平台（SaaS）**
>
> SaaS是一种新型的软件交付模式，在这种模式中，软件仅需通过网络，无须经过传统的安装步骤即可使用，软件及其相关的数据集中托管于云端服务器中。

用户只要订阅SaaS服务就可以通过任何连接互联网的设备访问和使用SaaS应用程序。用户或企业采用租用软件服务的形式代替购买软件，免去了搭建机房和维护软件的费用。SaaS供应商为用户提供完整的软件服务，包含维护服务器稳定、保证信息存储安全、更新和升级应用软件等。伴随着用户数量的不断增长，SaaS供应商数量不断增加，他们竞相开发各类面向企业和个人用户的SaaS应用软件。SaaS供应商的软件应用程序可以同时被多个客户共同使用，从而受益于规模经济。

图6.1展示了SaaS的服务模式。用户首先需要借助各种互联网工具才能进入应用服务器，随后在应用服务器的帮助下访问公司所控制的数据库服务器。

用户　　　　互联网工具　　　　应用服务器　　　数据库服务器

图 6.1　SaaS服务模式

　　SaaS平台既是一个开发平台，也是一个资源平台，所有平台内的数据和软件都可以作为服务使用。SaaS平台上运行的软件的质量、数量、安全性、灵活性和价格是吸引用户的关键因素。优良的软件能吸引更多的用户，而更多的用户会让商家更有动力改良他们的软件，最终形成一个理想的良性循环。在这种环境下，SaaS平台是技术基础设施的关键部分。一个有效的SaaS平台应该能够简化应用程序载入、实现后端流程自动化以及即时提供基于云的解决方案。

6.1.1　SaaS软件与传统软件

　　通过SaaS平台，企业为客户提供了建立SaaS软件的一切必要条件，包括基础设施、软件和硬件。SaaS模式是基于云计算平台的应用模式。服务商负责从前期设置到后期维护的一切服务。公司无须购买硬件和软件，无须建设机房和招聘IT人员，就可以享受到服务商的服务。

　　SaaS的第一个特征就是它可以同时为多名用户提供服务。SaaS的服务商们通常要同时为数百位用户提供服务。尽管不同的用户需要在共同的基础设施平台上运行同一款软件，但是用户的数据将被隔离，以保证每位用户数据的安全性和隐私性。

　　SaaS软件也允许用户进行自定义配置。虽然大多数企业和个人都订阅的是标准化的SaaS应用程序，但是每个用户都可以对他的用户界面、数据模型、工作流和业务逻辑等服务组件有独特的要求。SaaS软件的可塑性旨在为软件的用户提供多种选项和变体，让每个用户都可以拥有独特的软件配置。

　　SaaS软件可以视为软件业向基于服务的模式转变。SaaS的服务商不仅负责开发应用程序，还负责支持软件的整套服务。除了应用程序代码之外，供应商还必须提供完整的客户服务，包括实施、测试、培训、故障排除、维护、托管、升级和安全性等。这和传统软件卖完了就不管的情况有着天壤之别。

投资SaaS软件的沉没成本更低。SaaS软件通常是以"月"或"年"为单位实行订阅制。用户不需要购买额外的软件、硬件或服务。如果用户对服务商的服务不满意，可以随时取消订阅。由于市面上的SaaS服务商众多，用户可以轻松地切换其他类似的软件服务商。

与传统的软件相比，SaaS软件具有六个主要优势。

第一个优势是成本降低。企业无须为本地服务器和许可证额外投入资金，只需要按月或年订阅即可。由于只需要为正在使用的软件付费，而不会在未使用的许可上浪费资源，企业的间接成本可以显著地降低。如果企业发现了软件服务的问题，可以第一时间让技术人员远程解决，从而节约软件的维护成本。

第二个优势是交付的速度更快。由于SaaS服务商已经将软件开发完成，企业只要订阅就能立刻享受软件的相关服务，不用对软件进行开发、安装和测试，节省了大量的时间和成本。

更新速度也成为SaaS受追捧的一个理由。传统软件升级耗时又昂贵，还可能导致兼容性问题。SaaS服务商通过云自动更新软件。用户登录云之后，更新和升级则由供应商负责，用户只需要知道软件始终是最新版本即可。

移动性和便携性也是SaaS软件带来的两个好处。现在，越来越多的企业和组织采用远程办公和学习的模式。借助SaaS软件，用户可以随时随地使用软件服务。SaaS服务商负责维护SaaS的基础设施。这意味着企业不必管理任何底层服务器，可以把精力专注于其他地方。

最后，大多数SaaS解决方案都考虑到了安全性。这意味着企业无须承担维护软件的责任，供应商根据合同保证软件/应用程序的安全性、可靠性和高性能，企业可以将资源重新分配于其他任务。

虽然SaaS软件有许多好处，但是它也存在一些缺点。首先是网络问题。用户需要基于稳定可靠的互联网环境来使用软件服务。如果SaaS平台遇到网速慢或者断网的情况，用户将无法远程使用软件服务，工作也可能因此耽误。其次，数据安全问题也让不少企业对SaaS软件望而却步。对于许多企业而言，数据是一项重要资产，技术、客户信息和文件是企业可以获利的关键资源。这些机密数据和重要信息在SaaS平台传输、存储和处理中可能发生泄露或者丢失。企业用户面临数据保密和安全性的风险。最后，使用SaaS软件的用户可能会在运营过程中遇到软件整合和集成问题。由于用户无法控制任何东西，企业在很大程度上受制于SaaS服务商的可靠性。SaaS软件的优缺点详见图6.2。

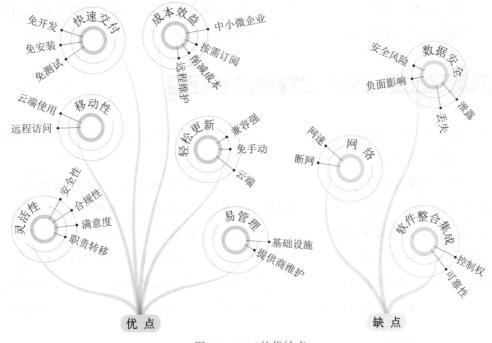

图 6.2　SaaS 的优缺点

6.1.2　SaaS的6个层次

SaaS模式在实际应用中通过6个层次为用户提供不同的服务。

（1）SaaS用户层。用户可以使用不同的状态访问技术平台。

（2）SaaS协议层。服务传输技术平台提供的服务会通过互联网传输给用户。系统按照SOAP设计，遵循XML和HTTPS协议，通过WSDL描述服务，通过UDDI发现和获取服务元数据。用户与应用程序进行信息交换时，需要遵循网络安全协议来保证交互的安全性[①]。

（3）SaaS组件层。这一层负责服务包装和日程安排。此外，技术平台还为用户提供正版开发环境、组件库以及软件课程自学程序。

（4）SaaS功能扩展层。这一层是对组件层功能的补充。例如SaaS组件层里的培训系统。功能扩展层可以在原有课程的基础上通过API对课程系统进行扩展和再开发。

（5）SaaS和PaaS平台。Trust IE上的集成软件工程支持环境和公共组件库属于应用层，它们直接服务于服务封装和调度。而SaaS平台提供的API和Web服务服务于服务技术层。

---

① SOAP：简易对象访问协议；WSDL：Web 服务描述语言；UDDI：统一描述、发现和集成。

（6）SaaS数据层。负责数据管理的平台整合了许多独立系统的资源，将各部分数据存储在独立的数据库中。各个用户的数据将被隔离，以此来保证数据安全。

6.1.3　横向SaaS大战纵向SaaS——该如何选择

在实际应用SaaS软件的时候，我们会注意到，通常来说，有两种不同的SaaS服务可以选择：纵向SaaS和横向SaaS。

纵向SaaS是专注于特定行业或方向的一种云计算解决方案。它通常的目标为相关的垂直行业，如零售、汽车或保险业。随着数字化的趋势，越来越多具有针对性的纵向SaaS解决方案出现在市场上。尽管纵向SaaS的潜在市场和用户规模较小，但它针对某个行业也就意味着它将以最有效的方式解决特定问题。再来看看横向SaaS。它通常要面向不同行业的广泛用户。尽管横向SaaS软件也可以作为一个特定方向的解决方案，但大多数情况下，它们更关心的是业务的广泛程度和一般的业务需求。

横向SaaS软件面临着激烈的竞争，因为它们针对的行业多种多样，必须付出大量努力才能从竞争中胜出。用户可以很容易地将他们的软件与众多其他产品进行比较，找到更好的解决方案。纵向SaaS解决方案面临的竞争更少，替代品更少，用户方面的竞争自然更少，用户的黏性也更强。

常见的横向SaaS软件包括Office 365、Salesforce（一款人力管理软件）、Quickbooks Online（一款会计软件）等；常见的纵向SaaS软件包括SAP Business ByDesign（中端市场参与者软件）、VeeVa（生命科学云平台）和Guidewire（保险业软件）等。

从用户体验的角度而言，最重要的是搞清楚业务范围。纵向SaaS软件在其擅长领域外的表现通常不如横向SaaS软件。为每个可能的业务范围都订阅相关的纵向SaaS软件可能是一笔巨额花销，只要确定了精确的业务范围，就可以决定使用什么样的SaaS软件。

6.2 SaaS的分类和应用

在介绍了SaaS的概念后，本节将接着上一节来继续深入介绍SaaS的分类和在现实生活中的应用。首先介绍SaaS的成熟度模型，成熟度模型用来评价SaaS服务成熟的程度；随后介绍云计算功能中和SaaS相似的服务，例如IaaS、PaaS和DaaS；最后我们会介绍一些现实中出现的SaaS应用。

6.2.1 SaaS的成熟度模型

许多软件组件和应用程序框架可以用于SaaS软件的开发，使用这些现代组件和应用程序框架中的新技术可以大大缩短将传统本地产品转换为SaaS解决方案的时间并节约成本。SaaS服务的成熟度可以通过几个成熟度模型来定义。传统模型中广泛使用了三个关键属性：可配置性、多租户和可扩展性。Microsoft提出了SaaS的简单成熟度模型，用四个成熟度级别描述了SaaS架构的成熟度。

1级成熟度的SaaS模型在架构上和传统软件几乎没有区别。每个用户都有一个独特的定制版本的托管应用程序。该应用程序在主机的服务器上运行自己的实例。将传统的应用程序迁移到1级成熟度通常不需要做开发工作。但是，由于服务器和相关服务已经转给了SaaS的服务商，1级成熟度的SaaS软件与传统软件相比运营成本更加低廉。

2级成熟度的SaaS模型加入了可配置性元素。通过配置元数据，模型获得了更大的灵活性。在这个级别，不同的用户可以使用同一应用程序的不同实例。供应商也可以使用详细的配置来满足用户的不同需求。它还允许供应商通过更新通用代码库来减轻维护负担。

3级成熟度的SaaS模型能够提供多租户效率。多租户效率意味着一个单一的程序实例能够为供应商的所有用户提供服务。这种方法可以在不影响用户的前提下更有效地使用服务器资源。在这个级别，租户不仅能够配置SaaS软件的部分功能，而且可以拥有专用的部分服务器。

4级成熟度则是在级别3的基础上加入了具有负载平衡功能的多层架构来获得可

扩展性。这种架构能够支持在数百甚至数千服务器上运行的相同应用程序实例的负载平衡。不需要改变应用软件架构，可以通过添加或删除服务器来动态增加或减少系统容量，以匹配负载需求。

6.2.2 SaaS四兄弟

在过去的十年里，云计算被认为是未来互联网的支柱，也是21世纪革命性的信息技术概念之一。如今，它已成为一个重要的研究课题。云计算允许用户无限制地访问共享的硬件和软件资源。它采用服务的方式作为商业模式，其中服务模式包含4种：IaaS（基础设施即服务），PaaS（平台即服务），SaaS（软件即服务）和DaaS（数据即服务）。云计算从根本上改变了服务的构建、交付和使用方式，促进了市场的快速演变。

基础架构即服务（infrastructure as a server，IaaS）是一种提供存储、虚拟化和网络服务的软件模型。它为数百万用户提供了一种面向云的物理基础设施替代方案。这种方式可以为企业节省大量费用。IaaS的服务商将IT环境的基础设施设置好，随后将内存、存储、网络和其他基本的计算资源提供给用户使用。用户需要自己搭建计算的基础环境，设计软件，最后运行数据。

平台即服务（platform as a server，PaaS）是一种软件模型，它为开发人员提供软件工具，用于在互联网上构建应用程序。大多数PaaS用户同时也是开发人员，因为PaaS供应商还提供硬件工具来开发应用程序。PaaS解决方案为开发人员提供了一个易于扩展、对用户友好的平台来创建独特而高效的软件。如果用户想要使用，PaaS，他们不必费心用复杂的代码从头开始构建应用程序。PaaS平台存在的代码可供大量用户使用，用户可以选择自己喜欢的资源来开展自己的业务。

软件即服务（software as a server，SaaS）则是一种更加方便的设计。SaaS的供应商已经将一切前期的准备工作完成，用户登录SaaS平台就可以进行相关的操作。如果用户只需要以最快速度获得计算结果，那么也可以考虑更加快捷的数据即服务（data as a server, DaaS）模式。这种模式只需要用户将数据提交给DaaS的服务商就可以等待服务商传回数据计算的结果，用户不需要知道关于计算的任何方式。图6.3呈现了4种服务模式和内部部署在管理和基础设施方面的区别。

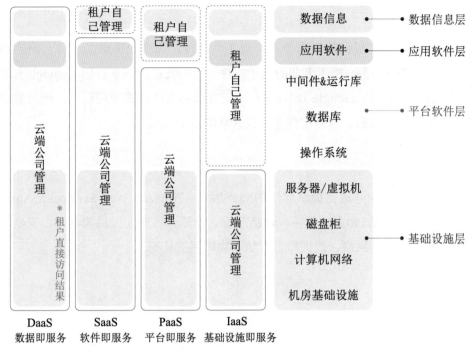

图 6.3 云计算服务模式

6.2.3 SaaS的四大应用

SaaS软件在各行各业的应用可谓枝繁叶茂,本节列举了几个常见的SaaS软件。

1. 客户关系管理软件

客户关系管理软件可帮助企业从客户那里获取信息,并从平台获取潜在客户信息。Salesforce作为很受欢迎的客户关系管理工具,是基于云计算革命前沿技术的优秀应用程序之一。Salesforce提供企业营销分析、应用程序开发和客户服务解决方案。其附带的工具可进行销售分析,致力于在提高销售额的同时提高客户满意度和忠诚度。

2. 办公软件

Microsoft Office 365是一款基于云的应用程序,它旗下常用的办公产品Excel、Word、Outlook和PowerPoint风靡全球。用户还可以通过电子邮件、音频或视频会议与同事和客户联系。通信技术保证了组织内部员工之间以及组织外部员工与客户之间的安全交互。

3. 办公用具

谷歌将其功能扩展到搜索引擎和广告工具之外，为企业提供了一套全面的办公用具。Google Workspace提供专业的电子邮件、视频会议、共享日历、Google云端硬盘、文件存储等服务。Google Drive是一个云存储和文件共享应用程序，用户能够通过设备立即访问、编辑、存储文件并将其共享给多个同事。

4. 电子商务软件

与谷歌一样，亚马逊也提供广泛的SaaS服务。Amazon Web Services是Amazon的子公司，总共提供100多项服务，包括分析、计算、机器人、机器学习、安全、部署、区块链、管理、网络、数据库、存储、物联网工具等。

6.3 Web 3.0环境下的SaaS服务

在介绍了SaaS这一概念后，本节将会简单地介绍SaaS如何帮助Web 3.0更好地应用，以及Web 3.0这个概念又会如何反映到SaaS这个概念上。

6.3.1 SaaS助力Web 3.0社区的构建

去中心化的一个挑战是围绕DApp或区块链项目建立社区存在困难。这就是SaaS服务可以发挥重要作用的地方。SaaS的服务商拥有建立和管理社区的经验，可以利用这种经验围绕去中心化项目建立强大的社区。

SaaS公司正在对社区进行投资。这些公司直接与忠诚的用户建立联系，为他们提供一个相互交流的平台。诸如YouTube、Slack、Twitter、Discord等网站上的这些社区不仅在创造品牌知名度，它们也在激励新手变成他们产品的忠实拥护者。

在Web 3.0的环境下，政府、企业和媒体将有能力通过先进的系统创建可互动的社区。用户将能够通过各种设备收集和共享各种形式的内容，与社区成员互动。

SaaS平台能更好地构建社区。社区创建者将有能力管理所有形式的内容并支持用户互动。他们能够根据准确的数据和创新的想法做出可靠的业务决策，将社区价值转化为商业价值。对于想要与用户建立社交网络和社区生态的企业而言，SaaS平台提供的外包应用程序、软件服务和安全托管的按需服务尤为关键。企业尤其看重SaaS模型的两个特性：快速响应市场需求、在解决方案开发和支持上的优势。

在Web 3.0新阶段，为了建立一个由早期贡献者组成的社区，并将贡献者与使他们能够从网络价值创造能力中受益的代币经济学相匹配。这里的重点应该是吸引用户的注意力并不断与他们互动，以建立一个蓬勃发展的社区。

6.3.2 Web 3.0助力SaaS的发展

Web 3.0的发展反过来也会带动SaaS软件业的发展，Web 3.0给SaaS企业带来的优势如图6.4所示。例如，使用区块链技术可以简化和改进支付功能。支付管理、计量功能、验证检验和身份认证等流程将实现自动化，减少对人工干预的依赖。延迟问题的解决会使交易更加可信和安全。

　　Web 3.0能让用户完全控制他们的数据。在现有的Web 2.0环境下，Facebook（Meta）和Google等少数公司控制其庞大数据库中的用户数据。Web 3.0通过开源、去中心化、透明、去信任和无处不在的特点颠覆当前的中心化环境。对于SaaS服务商而言，他们无须遵守严格的监管要求，因为用户将决定他们准备共享哪些个人数据。

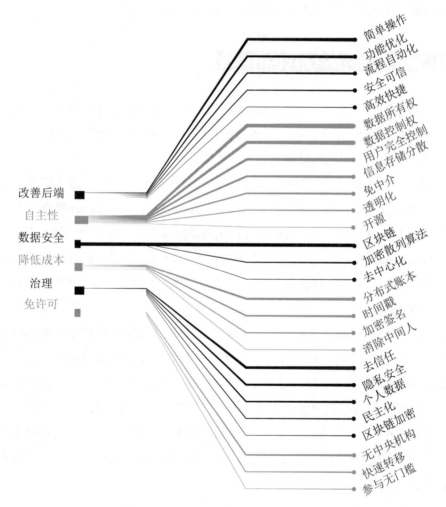

图6.4　Web 3.0给SaaS企业带来的优势

　　SaaS企业可以使用区块链来提高安全性。区块链的去中心化特性可帮助SaaS企业在数据安全、金融安全等若干问题上有更好的表现。此外，由于没有中央机构负责，在Web 3.0的环境下没有偏见和歧视，任何人都可以轻松成为DAO的参与者。这能够让包括SaaS服务商在内的所有企业更快、更便宜、更轻松、更可靠、更安全地跨境转移数字资产。

最后，Web 3.0能帮助商家和用户解决信任问题。以PayPal为例，它有时会无故关闭用户账户。信任问题在SaaS行业也普遍存在。这就是Salesforce创建Trust Status的原因，Trust Status实时更新关于正常运行时间问题和安全事件。审计、合规、分配福利、税收和政府借贷都可以通过区块链加密。民主化是Web 3.0的一个重要趋势。由于软件编码规则，网络参与者可以更民主地管理项目的方向和未来。

6.4　SaaS在Web 3.0环境下的应用

过去几年，加密货币、NFT和区块链概念越来越被重视，现在已经有许多SaaS软件服务商在Web 3.0的环境下提供相关产品，包括NFT、代币、DAO或加密货币等。SaaS平台与Web 3.0相结合的具体实例越来越多，本节将介绍在多个不同的Web 3.0领域中，SaaS软件是如何发挥独特优势的。

6.4.1　SaaS与NFT

NFT是在区块链系统上制作的独特数字代币，有助于代表数字或物理资产的真正所有权，作为其存在的证明，甚至允许资产的可追溯性。在日益数字化的世界中，NFT有能力消除艺术、内容创作等行业中的盗版、创意窃取等版权问题。2022年9月，全球首个能够铸造、购买或出售NFT和B2BSaaS的NFT市场推出了一个名为NFTically的SaaS平台。NFTically平台可以让艺术家和内容创作者在其域名下推出自己的NFT商店。NFTically不仅能够提供自定义UI、KYC[①]和社交影响者令牌等功能，还能在其平台上提供免费铸造艺术品的服务。

NFTSaaS为个人提供了可展示其创造性的平台（见图6.5），它提供了一种处理数字资产的有效方法。企业或个人可以利用NFTSaaS的以下功能来获得流畅舒适的用户体验。

（1）店面。它是必须纳入NFTSaaS的重要功能。它能提供各种信息，例如价格的历史记录、所有者、出价等。

（2）过滤器的过滤筛选功能。它可以帮助用户轻松地筛选产品并有效率地浏览网站。此外，它还可以根据用户需求来建立不同的索引，如价格最低、评分最高、优惠最多等，这有助于用户快速选择商品并能提高用户购买的可能性。

（3）快速搜索。这是提高用户满意度的必备功能之一。用户使用这项功能对项目进行分类后，可以快速搜索到他们需要的东西。

---

① 　UI：用户界面；KYC：了解你的客户。这是一项验证用户身份的流程。

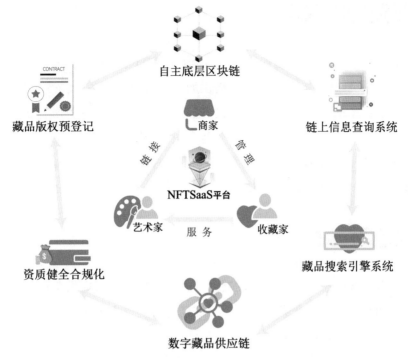

图 6.5 NFTSaaS平台支撑体系（以数字藏品为例）

（4）创建列表。此功能可使用户顺利地创建和发送数字资产。他们可以添加标题、标签和描述等信息。

（5）集成钱包。交易安全可靠是平台持续运行的关键。因此，NFTSaaS平台必须与强大且安全的钱包集成，才能让用户发送和接收NFT。

（6）历史记录。NFT平台应该能够记录和显示用户的历史信息，以方便用户管理。用户历史信息应包括NFT出售、购买、上市和交易的相关数据。

（7）客户支持。详细的客户支持机制必须与NFTSaaS市场集成，这将确保用户的咨询或疑问第一时间被解决。

除以上提及的应用外，目前已有不少品牌开始采用NFT技术来创建忠诚度证明产品。2022年11月，去中心化软件即服务平台Versify宣布与Polygon合作推出数字收藏品忠诚度解决方案。一方面，Versify基于区块链的SaaS平台，使品牌能够为其客户创建基于NFT的忠诚度计划；另一方面，Polygon高度可扩展的解决方案与之相辅相成，助力交易快速执行。自2022年年初以来，许多知名品牌纷纷依靠Web 3.0的客户忠诚度计划与客户建立更深层次的关系。美国知名咖啡品牌星巴克与Polygon合作推出了一项名为Starbucks Odyssey的NFT忠诚度计划。该计划允许星巴克客户赚取和购买解锁独家体验和奖励的数字资产。Versify的产品在后端集成了MailChimp、HubSpot和ActiveCampaign等应用程序来轻松跟踪、管理和分发忠诚度计划给客户。

6.4.2　SaaS与加密货币

在Web 3.0环境下，最著名的应用可能就是加密货币。SaaS能够在加密货币相关的业务上取得先机。Olindias就是一个提供加密货币和AI业务的SaaS公司。Olindias的SaaS软件能够帮助订阅者创建一个加密货币平台，该平台具备所有必要的功能，包括前端UI和后端的代码。Olindias旗下包含4种产品：AI SaaS，加密货币SaaS，房地产AI SaaS和电子商务AI SaaS。除了Olindias外，MyContainer、Figment Networks、Stake Capital、Stake.Fish等多个SaaS服务商平台都提供搭建加密货币的服务。

6.4.3　SaaS与DeFi

加密货币领域已经从资产投机发展为以去中心化的方式提供全球可用的金融产品和服务。加密货币的主要吸引力之一是它能够使任何人无论身在何处都可以汇款和支付，而不必受制于集中式看门人——银行。

本节我们列举两个用于DeFi的SaaS平台。第一个平台是eToro。eToro创建了一个基于社交协作和投资者教育的多资产投资SaaS平台，一个用户可以联系、分享和学习的社区。eToro在线交易平台由使用以太坊区块链的智能合约运行。它允许用户交易加密货币和代币。它去中心化的特性让用户的资产因外部黑客或内部欺诈而丢失的风险大大降低。eToro的DeFi投资组合包括11个DeFi加密资产，为投资者提供现成的、充分分配的各种市场主题敞口。

第二个例子是加拿大的一个称为FLUIDEFI的SaaS平台。这个平台可为数十万DeFi数字资产提供近乎实时的数据聚合和分析、投资组合建模和管理等。FLUIDEFI平台的高级功能已被证明可以将DeFi交易者的投资组合管理时间减少75%。FLUIDEFI的多层冗余能够让它在当今市场上最大的DeFi分析集上实现最高的准确性。FLUIDEFI利用人工智能技术的最新进展对资产池进行深度分析，最大限度地提高回报，简化投资组合，为全球专业投资者和资产管理公司的集成和可用性设定新规范。

尽管DeFi的潜在市场空间巨大，它仍然是一项仍处于起步阶段的新兴技术。在去中心化交易所DEX之外的主要DeFi金融服务是去中心化借贷。用户既可以投资数字资产以赚取利息，也可以将其抵押以借入价值与美元挂钩的稳定币。

IQ协议取消了网络协议上构建的抵押要求。它消除了通常与DeFi项目相关的风险，可实现无抵押借贷。开源的IQ协议是无须信任的，旨在围绕SaaS软件的订阅建立多样化的循环加密经济。目前，企业级的区块链方案提供商PARSIQ在以太坊上启动IQ协议测试网，这是它首次进入DeFi领域的尝试。它是世界上第一个无风险、无担保的DeFi协议的SaaS订阅软件。PARSIQ提供的无风险开源开发环境将加速该领域的创新，让金融应用的未来蓬勃发展。此外，它将区块链技术和DeFi结合到一个SaaS应用程序中，帮助基于加密的生态系统蓬勃发展。

6.4.4　SaaS与分布式存储

SaaS正在演变为云服务交付的领先模式。服务提供商能够通过互联网远程交付托管、开发和管理软件。与此同时，一些IT服务正在从传统的互联网服务转向基于点对点技术的P2P云服务。P2P是一种分布式网络，允许两个或多个计算机系统连接和共享资源，不需要服务器作为工作场所，计算机可以直接连接到链接系统或虚拟网络。不同于传统网络中的客户端-服务器网络，对等点是网络中同等特权、同等能力的参与者。它们既是资源的提供者，也是资源的消费者。P2P系统由一组异构的、自治的、动态的和互联的对等体组成的覆盖网络组成，这些对等体自愿参与具有同等功能的网络，其中每个节点都充当客户端和服务器，在不使用昂贵复杂的中央基础设施的情况下与他人协作和沟通。

P2P分布式数据管理系统在医疗保健和数据库领域有众多应用。在医院，每个专科医生都有一组患者由他单独照顾。专科医生愿意分享大多数患者的数据，但也有一些他不愿意分享数据的情况。P2P系统可将特定患者的数据提供给需要的专家，它允许专家寻找可能与他们自己的患者有相似症状的其他患者，从而可以帮助他们做出更好的治疗决策。

P2P分布式数据管理系统也可以被用于基因组数据库的管理。新蛋白质被发现后，需要通过复杂的分析来确定它们的功能和分类。科学家通常通过两个步骤来确认这些数据：第一步搜索已知蛋白质数据库，第二步分析蛋白质的功能和分类。虽然世界上已经有几个已知的基因组数据服务器，但世界各地的许多实验室每天都会产生更多的数据。这些科学家为他们新发现的蛋白质创建了自己的本地数据库，并愿意分享他们的新发现。

SaaS在企业中有很多应用。一家公司创建自己的网站并与其他人共享其部分业务数据，其中包括供应商、制造商和零售商等供应链网络。他们相互合作，以实现业务规划，降低生产成本，开发业务战略，制定营销解决方案。选择合适的数据共享平台是共享网络的基础。这样的共享网络系统需要结合云计算、数据库和基于点对点的技术。云服务提供商提供的SaaS服务使组织能够将其数据外包以存储在远程服务器上。它能够解决动态信息、信息完整性、相互信任和访问控制等相关问题。存储的信息不仅允许授权用户访问，还可以由所有者升级和扩展。基于P2P的云是一个大规模、异构和高度动态的环境，其性能高度依赖于其保持SaaS服务的能力。

在这种基于P2P的云架构下，系统执行任务的能力取决于P2P环境的可靠性，而可靠性取决于网络的物理和逻辑架构以及组成系统的节点。换句话说，任务执行是根据客户需求分配给节点的，因此这些环境的概念必须考虑到系统运行的对等体的物理特征（包括处理器速度、内存、磁盘容量等），以及控制其动态行为的逻辑特征（例如不活动、惯性、流失、搭便车等）和网络特性（包括拓扑、带宽、延迟等）。系统的性能很容易受到影响。任何硬件或软件的故障都会让网络无法访问，服务商自然也就无法为客户提供服务。基于P2P的云服务提供商必须达到与传统软件服务相同甚至更好的服务水平来确保其服务质量，在保持客户忠诚度的同时，最大限度地提高可持续的财务收益。

第7章
Web 3.0的行为准则

前面章节介绍了Web 3.0时代使用的技术都有哪些，此外还介绍了这些技术的应用场景。通过这些介绍，读者不难在脑海中构建一个与Web 2.0时代完全不同的新世代网络蓝图。在这个蓝图中，各种中心化组织、实现信任担保的第三方中介将不复存在。相应的，在Web 2.0时代依托这些中心化组织以及各种第三方中介进行管理的行为准则也会发生改变。本章将介绍行为准则发生了哪些改变。

首先，网络运行的行为准则会发生较大改变。其次，随着"去中心化"成为炙手可热的理念，分布式数字身份（decentralized identity，DID）随即进入大众视野。可以预见，分布式数字身份也将给身份认证的各种行为准则带来巨大变化。最后，链上管理的思想也会与传统管理方式有很大不同。后文将详细介绍这三点。

7.1　网络信息交互行为准则的变化

Web 3.0时代的网络将是一个分布式网络，这与Web 2.0时代是完全不同的。网络结构的改变会导致各种网络运行规则的改变。本小节先对比Web 3.0与Web 2.0网络结构的差异，并借此来介绍网络数据交互的行为准则发生了哪些改变。然后为了让读者更直观地感受到这种改变，将介绍几个Web 3.0时代的网络协议。最后介绍Web 2.0时代如何使用各种网络协议保证信息安全传送，并在此基础上展望Web 3.0时代应该如何实现信息安全传送。

7.1.1　Web 3.0与 Web 2.0网络协议异同

节点身份的转变是数据交互行为准则最重要的改变。具体来说，Web 3.0的底层通信使用的是分布式网络（比如P2P网络）。正如第2章所介绍的，相比于传统的客户端/服务器网络，P2P网络中的每个节点既会向网络请求数据，也会为网络提供数据。换句话说，P2P网络中的节点，在请求网络服务的同时也会提供网络服务。因此，当P2P网络的节点想获取数据时，不需要向中心节点（当然P2P网络中不存在中心节点）发送请求，而是向其临近的节点发送请求。这样，可以解决传统的客户端/服务器网络中，服务器带宽限制网络数据传播速度的问题。

Web 3.0的底层通信需要通过各种网络协议来实现。因此，P2P网络和传统的客户端/服务器网络的网络协议不同，是造成上述行为准则发生改变的主要原因。在阐述这个区别之前，需要先从网络协议的角度来理解P2P网络。现如今，TCP/IP协议是实际使用的网络模型。其将网络协议分成4个层次，分别为网络接口层（链路层）、网络层、传输层和应用层。P2P网络实际上是指在应用层使用P2P理念的协议的分布式网络。

> **释义 7.1：TCP/IP协议**
>
> TCP/IP是网络通信模型，其包含整个网络传输协议家族，是网际网络的基础通信架构。因为 TCP（传输控制协议）和 IP（网际协议）是网络传输协议家族中最早通过的标准协议，最具代表性，所以被称为 TCP/IP 协议。

可见，实现P2P理念的协议与大家熟知的FTP协议[①]和HTTP协议[②]属于同一层的协议。区别在于，前者实现的是没有中心节点的网络，里面的每个节点既可以发送请求也可以提供服务。后两者实现的是典型的客户端/服务器网络，即客户端只能发送请求，而服务器（中心节点）负责向客户端提供各种服务。这个就是Web 3.0和Web 2.0网络协议的最主要的区别，即Web 3.0中，应用层使用的是各种P2P理念的协议，而在Web 2.0中使用的是各种传统的客户端/服务器协议（如FTP协议和HTTP协议）。在其他层，Web 3.0和Web 2.0使用的是相同的网络协议，并无区别。一个形象的相关示意图如图7.1所示。

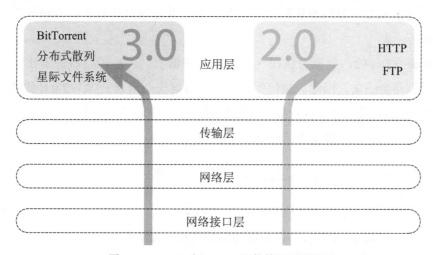

图 7.1　Web 2.0和Web 3.0网络协议区别展示

7.1.2　互联网协议三个重要应用

为了更直观地介绍Web 3.0时代互联网中数据传送、存储行为准则的变化，接下来介绍三个具体的P2P协议的例子。

1. BitTorrent

BitTorrent是一个运行在分布式网络上的文件分发协议。以FTP协议作为参照，可以对其有更直观的了解。在FTP协议中，客户端向服务器发送请求和命令，服务器

---

① FTP 协议是互联网上使用最广泛的文件传输协议，用于 Internet 上文件的双向传输。FTP 提供交互式的访问，允许客户指明文件类型与格式，并允许文件具有存取权限。

② HTTP 协议是一个简单的请求-响应协议。它指定了客户端可能发送给服务器什么样的消息以及得到什么样的响应。

执行相应的命令并向客户端传送文件。而在BitTorrent中，参与文件分发的所有节点加入同一个集合中，这个集合称为洪流（torrent）。在洪流中，"控制器"管理所有节点互相发送文件，实现文件的传送，直到每个节点完成各自的下载任务。

因此，依靠这个协议的规则，文件上传下载的任务将不再需要中心服务器，进而解决中心服务器处理速度限制整体文件处理速度的问题。

2. 分布式散列表（distributed hash table，DHT）

分布式散列表是一个实现分布式数据库的P2P协议。它将整个数据库（也可以理解为键值对的集合）分散地存储在所有节点中，并通过设计特别的查询键来实现数据查询任务。

在Web 2.0时代，数据保存在一个中心服务器上。一旦中心服务器出现问题，所有的数据将会丢失。因此，如何保证中心服务器安全运行是Web 2.0时代的一个问题。在Web 3.0时代，分布式数据保存将会解决这个问题。人们不再需要针对这个问题提出一系列关于服务器安全运行的行为准则。

3. 星际文件系统（interplanetary file system，IPFS）

星际文件系统是基于P2P协议的分布式网络协议，旨在实现网络数据的持久化分布式存储。现如今的HTTP协议由于服务器存储容量有限，无法实现数据的永久存储。当然网络服务商将众多主机连接起来，扩充服务器容量以满足目前需求是可行的。但是随着网络数据井喷式增长，这只是权宜之计。IPFS旨在设计一种分布式文件存储、传输协议。它将文件分散式地保存在各个节点中，从而实现无限存储容量的目的。

这种可以实现文件持久化保存的协议将彻底改变数据存储的行为准则。人们再也不用为了保存以前的各种文件购买各种各样的存储设备或者创建各种各样的云存储空间。

当然，除了各种应用层的P2P协议以外，各种取代如今的TCP/IP模型的网络架构方案也在研发中，比如命名数据网络（named data networking，NDN）。所以，当Web 3.0时代到来时，其真正的网络协议是哪些犹未可知。但是，目前来看，应用在传统的TCP、IP协议之上的各种P2P协议是最符合Web 3.0愿景的。

7.1.3　Web 3.0信息交互展望

虽然在Web 3.0时代，网络节点的身份发生改变，并会改变各种与网络相关的行为准则，但确保网络连接、信息交互的安全依然是不变的话题。本小节将先介绍在Web 2.0时代如何通过各种网络协议来确保网络连接、信息交互的安全，然后展望在Web 3.0时代应该做什么。

在Web 2.0时代网络通信安全主要由各种管理协议和安全协议加以保证。管理协议中的"简单网络管理协议"（simple network management protocol，SNMP）和"因特网控制报文协议"（internet control message protocol，ICMP）发挥至关重要的作用。前者是保证中心节点可以管理网络中其他网络设备（如路由器、接入网络中的计算机等）的标准化协议。这个协议可以使中心节点能够实时知晓各个设备的网络状态、修改网络设备配置、接收网络事件警告等，从而保证网络的运行。而后者是反映网络本身运行状况（接入网络的计算机、路由器之间传递网络通不通、主机是否可达、路由是否可用）的协议。通过这个协议，中心服务器可以实时知晓网络的运行情况。

在Web 3.0时代，由于中心服务器的消失，管理网络设备和监视网络运行状态的任务要下放到各个节点中。针对管理任务下放的特点设计相应的网络管理协议，是制定Web 3.0时代互联网行为准则的一个问题。

在Web 2.0时代，安全层中的各种网络协议主要负责网络数据的安全性。比如"安全文件传送协议"（SSH file transfer protocol，SFTP）和HTTPS（hypertext transfer protocol secure）。两者都通过数字证书、加密算法、非对称密钥等技术完成互联网数据传输加密，进一步实现互联网信息传输安全保护。

在Web 3.0时代，网络之上的区块链技术已经实现了数据的加密，因此数据的安全性已经一定程度得到了保证。是否有必要再制定相应的网络安全协议是值得讨论的。

7.2 身份认证行为准则变化

在实体世界中，传统的身份认证过程由各种权威政府机构背书。比如，一个人的身份由公安机关颁发的身份证进行认证。再比如，一个人的学历由教育部颁发的学历证书进行认证。可见，这种传统的身份认证体系是中心化的。

随着互联网时代到来，一个人的身份不仅指他在实体世界的身份，也指他在网络世界的身份。此时，数字身份的概念（指人在网络世界的身份）被提出。在Web 2.0时代，数字身份的认证由各个网络运营平台负责。最初，用户在不同的网络运营平台上通过"用户名/密码"的方式建立他们在各个平台上的数字身份。此时，用户在不同平台的数字身份是割裂的、无法互通的。为了解决数字身份在不同网络运营平台不互通的问题，"联盟身份"应运而生。在联盟身份的概念中，用户在不同网络平台的数字身份可以通过一个权威的网络平台整合在一起。比如，如今人们可以通过微信用户账号登录其他应用程序。

虽然数字身份无法互通的问题被解决，但是数字身份无法与实体身份关联的问题依旧存在。在Web 2.0时代，这个问题的解决办法是政府强制要求网络平台将数字身份与实体身份进行关联。比如，在中国，创建微信用户需要手机号，而手机号又和身份证关联。相似地，在国外，创建各种应用用户需要邮箱地址，而邮箱地址又跟实体身份关联。至此，Web 2.0时代拥有了一套完善的、中心化的、实体身份与数字身份相关联的身份认证体系。

在Web 3.0时代，去中心化的理念被推广到网络世界。到那时，上述这套中心化的身份认证体系将无法在去中心化场景中继续使用。针对Web 3.0时代提出相应的身份认证体系是十分必要的。因此，分布式数字身份（decentralized identity，DID）概念被提出（在本书的第4章有对DID的详细介绍）。

由于DID基于去中心化的理念，所以以往的身份认证行为准则将发生改变。本节将着重讨论DID改变了哪些身份认证的行为准则，并在此基础上展望一下使用DID的身份认证体系将可能面临哪些困境。

7.2.1　DID改变身份认证模式

在使用DID进行身份认证的未来蓝图中，有两点与当前身份认证体系有很大区别。其一是身份认证的范围将进一步扩大。换句话说，未来用户只需要一个数字身份就可以在全网畅通无阻。而这个数字身份将通过分布式理念实现，而不是借助类似于"联盟身份"的权宜之计。另一点是身份生成的方式将发生彻底改变，即一个用户的身份由各种权威机构定义的形式将一去不复返。

1. 身份认证范围扩大

正如第4章对DID的介绍中提到的，DID与各种应用服务一样将直接部署到区块链上。也就是说，数字身份将不是各种应用服务的属性，而是网络本身的属性（或许在Web 3.0时代，应用软件将不用设计登录页面）。相应地，数字身份的适用范围也将不局限在各种应用服务中，而是在整个网络范围通用。此时，在Web 2.0时代数字身份无法互通的问题将被天然解决。用户也不用为了保存不同网站上的用户名和密码而烦恼。

2. 生成身份方式的改变

人的身份是什么？

马克思在《关于费尔巴哈的提纲》中有一句话："人的本质是一切社会关系的总和。"换句话说，"社会人"（这里指与"自然人"相对应的概念）是社会的产物。人的身份应该是指其在社会中各种关系的总和。DID对身份的定义完美符合这个概念。不同于身份由各个权威机构定义，DID并不通过各种官方文件定义个人的身份。它通过收集用户的各种行为信息、与其他用户的社交关系来定义一个人的身份。具体来说，DID定义身份的方式可以分为"依赖链下的身份"和"链上身份"两种。

"依赖链下的身份"是指将一个人在实体社会的社交关系作为这个人的身份，进而生成他对应的DID。BrightID和挂钩Github账号的Gitcoin Dao都是使用链下社交关系生成DID的代表项目。

而使用"链上身份"生成DID的项目更看重用户在网络上的行为。这类项目通过收集用户在网络上的行为（比如网上虚拟货币交易记录等），再结合用户持有的各种唯一性的数字资产（如各种NFT）来生成用户的DID。这类项目相比于"依赖链下的身份"的项目更容易启动（"依赖链下的身份"的项目在没有足够的用户时，很难完成社交关系的获取），也更不容易涉及各种用户隐私的问题。

图7.2是DID生成示意图。图7.2中左上部分到右边展示的是通过采集用户网络行为生成DID的方法（当然相应的应用程序应该是各种DApp）。图7.2中左下部分到右边展示的是依赖社会关系生成DID的方法。当然两种方法有效结合也可能是一个比较好的想法。因为依赖链下社交关系和使用链上身份并不是硬币的两面。它们完全可以有效地结合起来生成更准确的DID。或许两者结合也是后续项目可以思考的方向。

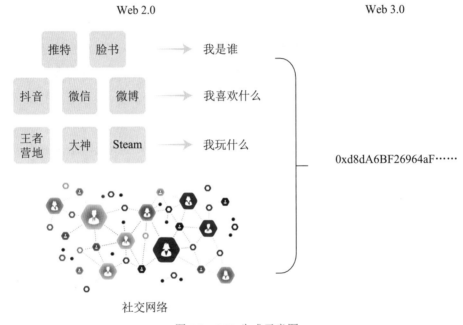

图 7.2　DID 生成示意图

总而言之，在Web 3.0时代，使用DID进行身份认证可以天然解决不同应用数字身份不互通的问题。除此之外，身份认证也将不用借助任何官方文件。直接通过用户使用网络生成的各种数据自动生成其身份信息。这两点是DID给身份认证行为准则带来的两个最主要的变化。

7.2.2　DID道阻且长

固然，随着Web 3.0时代的到来，使用DID进行身份认证必然是大势所趋。但不可否认的是，人们距离实现这种身份认证体系还十分遥远。在实现的道路上，还要解决很多问题。后文将挑选四个迫在眉睫的问题展开讨论，以激发读者对DID更多的思考。

1. DID中的信息壁垒

虽然Web 3.0的目的是要打破Web 2.0中不同网络运营平台之间的信息壁垒，但是信息壁垒依然可能存在于Web 3.0时代中。在关于DID的应用场景上更是如此。

现在，互联网上存在不同的区块链，它们受到的关注度有所不同。对于高关注度的区块链，收集上面的用户信息将十分容易。相应地，还存在大量关注度不高的区块链。对于那些关注度不高的区块链，它们的低关注度自然而然形成它们的信息壁垒。如何在这些区块链上有效地收集信息，并整合成一个DID是要思考的问题。此外，收集所有区块链上的信息是否有意义也是值得探讨的。

2. DID中的隐私问题

虽然Web 3.0时代将数据的掌控权从中心化组织手上夺走，真正交还给用户。但是隐私问题依旧存在。首先，在生成DID身份的过程中算法需要分析用户的各种行为。这是否侵犯隐私？其次，在Web 3.0时代，所有数据都将是公开的。即使这些数据都是用密码学加密再发布到区块链上，但不可否认的是，任何人获取这些加密数据将更加容易。这也给密码学提出了更高的挑战。

3. DID如何冷启动

依赖链下社交关系的DID生成方式对用户数量有严格要求。只有足够数量的用户使用区块链，这种DID生成方式才可以生成相对准确的用户身份。相似地，虽然使用链上身份生成DID的方式对用户数量依赖较小，但是它要求用户频繁地在链上进行操作。这两种DID生成方式都存在冷启动的问题，即如何吸引足够量的、足够质的用户参与到DID生成中，以保证生成的DID的准确性。类似于区块链冷启动的奖励机制，DID项目也要思考它们的冷启动方式。

4. 数字身份和实体身份如何关联

在Web 2.0时代，政府可以通过对各种网络平台强制要求的方式实现数字身份与实体身份关联。但是在Web 3.0时代，各种中心化组织将不复存在。此时，如何实现两种身份的关联将变成一个问题。

具体来说，DID的生成并不依赖各种实体世界的身份文件。DID无法天然地与实体世界的身份关联在一起。而且，由于中心化组织的缺失，政府无法实现两种身份关联责任的落实（将这种责任落实到具体的个人身上是不切实际的）。此时，数字身份与实体身份的关联将变得更加困难，进而也会加大政府管理网络世界的难度。在Web 3.0时代，如何将数字身份与实体身份关联、政府如何约束人们在网络上的行为也是DID面临的一个困境。

总体来说，距离使用DID进行身份认证的未来还有很远的路途。对于区块链关注度的不同造成的信息壁垒、用户隐私安全、项目冷启动、数字身份与实体身份关联都是实现DID身份认证体系要面临的实际困难。但是无论如何，有理由相信，DID将是Web 3.0时代不可忽视的重要存在，它将彻底改变现如今关于身份认证的各种行为准则。

7.3 链上管理与链下管理

谈及Web 3.0就不可避免地要讨论去中心化的问题。去中心化会改变已有的各种管理模式和管理模式延伸出的行为准则。本节将着重讨论去中心化理念给这些行为准则带来哪些变化。

首先，链上管理和链下管理的争议源于对区块链治理理念的分歧。有些人认为，为了彻底地贯彻去中心化理念，任何区块链规则都应该写入区块链网络中并公开透明地执行。这个理念虽然很好，但是以现有的区块链技术来说，势必会产生很多问题，比如如何确保上链规则没有安全漏洞、如何高效地修改已经上链的规则等。另外一些人正是看到现有技术的缺陷，提出区块链治理还是应该遵循链下管理的理念，即由一个实体组织来管理区块链网络，对其各种规则进行修改。关于区块链的链上管理和链下管理将在7.3.1节详细讨论。

链上管理和链下管理的争议不仅局限在区块链本身。虚拟货币的链上管理和传统法币的链下管理是一个方面；去中心化组织的管理体系和传统组织管理体系的区别是值得讨论的另一方面。这些将在7.3.2节进行讨论。

不论人们对链上管理和链下管理的争论多么激烈，有一点不可否认的是，随着技术发展，管理模式本身将会渐渐地向链上管理进行转变。因为链上管理更符合去中心化的理念。在7.3.3节，将总结链上管理目前面临的问题，并对链上管理的未来发展进行展望。

7.3.1 链上管理和链下管理的争议

如前文所说，链上管理和链下管理的争议源于对区块链治理理念的讨论。目前，区块链的治理方案更多是倾向于链下管理的。以比特币和区块链为例，比特币开发者们通过一个邮件列表来分享他们的改进提案，而以太坊基金会在Github上收集改进的方案。

有人认为这种链下管理方式类似于美国政府的制衡机制。具体来说，开发者就如同制衡机制中的参议院，他们向区块链社区提交各种提案或者请求。相应地，区块链网络中的矿工们则扮演司法机构的角色。矿工们通过发布区块链来决定是否采纳这些新的提案或者请求。最后，用户们就像国家的公民那样，通过出售他们的代币或者买入代币来表示对提案或请求的反对或者支持。

不可否认的是，这种链下管理的模式是高效的、安全的。如果区块链社区发生一些重大的危机（比如The DAO组织由于其智能合约漏洞造成以太坊巨大的经济损失），区块链开发者可以通过对区块链硬分叉的方式快速地对危机做出反应。但同时，链下管理本身也违背了去中心化理念。

与链下治理相比，链上治理的规则是嵌入区块链协议层里的。这意味着，任何被执行的决定都会自动转换为代码。例如，关于区块大小的决定、区块发布时间、记账权归属规则的制定等。计划实施链上治理的区块链项目之一是闪电比特币（LBTC）。为了克服开发人员动机不明确的缺点，开发者可以在链上广播他们的改进意见。一旦提案通过链上投票获得批准，它就会在测试网中实施。经过一段时间后，如果最后一轮投票通过，此提案就会在主网上运行。

悲观地说，如果链下管理的唯一缺点是不够去中心化的话，以目前的技术来看，链上管理的唯一优点也只有符合去中心化理念本身了。首先，链上管理最大的缺点就是对各种区块链规则改变无法做出及时的反应，因为任何一个改变都要经过大部分参与者的一致同意。由于区块链出块速度的限制，这种一致同意往往需要经过长时间的等待。当区块链上发生重大的危机时，这种等待时间是不可忍受的。此外，当区块链参与者对区块链的一项提案发生异议时，由于没有最终话事人的存在，不同意见的参与者将会各执己见，并在现有的链上发展出各自的分链。这会造成区块链社区的分裂，也会使一个区块链发展出多个不同的子链。这给区块链稳定带来巨大的隐患。因此，链上管理还要考虑如何解决参与者无法对一个提案达成统一意见的问题。

但是无论如何，对于区块链链上管理的探索还在继续。目前已经有一些尝试使用链上管理模式的优质区块链项目，比如前文提到的闪电比特币以及Tezos。随着区块链技术的不断发展，链上管理模式也会渐渐成为可能，并逐步取代链下管理模式。毕竟，链上管理才是真正的去中心化。

7.3.2　链上管理和链下管理的比较

随着Web 3.0时代的到来，各个相关领域去中心化思想逐步成为现实。关于链上管理和链下管理的讨论将不仅仅局限于区块链管理上，也会扩展到其他方面。

1. 法币链下管理与虚拟货币链上管理

运行在区块链上的虚拟货币就是对货币进行链上管理。相应的传统法币则采用的是链下管理理念。具体来说，货币链上、链下管理的区别在于铸币行为是否由某个实体组织掌控，以及是否存在对于货币的宏观调控手段。对于虚拟货币，其铸币的种种规则都是通过区块链协议公开透明地部署在区块链上。区块链根据这些规则，自动地产生新的虚拟货币。这一整套行为并不由任何个人或者组织控制。此外，虚拟货币完全遵循市场规则。当大众对一款虚拟币抱有极大热情时，其价值会迅速攀升。相应地，当这款虚拟货币不受大众关注时，其价值也会迅速降低。这也造成虚拟货币价值波动巨大的问题。对于传统的法币，其铸币权由各个国家银行掌控。国家会根据实际需求和相应的经济情况调整投入市场的法币规模。此外，各个国家银行还会通过使用铸币权的方式对货币进行宏观调控，以实现各种意图。

货币的链上管理有其特有的优点。比如它不会由任何组织掌控，它的铸币规则公开透明，所有参与者可以公平地得到应得份额的虚拟货币，货币的价值也不会被人为操纵。此外，由于虚拟货币在网络中流通，并没有国界的概念，它在不同国家间的流动性要比法币高。但是它的缺点也十分明显。首先由于虚拟货币的市场规模还远远不能与传统法币进行比较，因此它的价值波动十分大。由于缺乏对其进行宏观调控的手段，一旦发生虚拟货币的经济危机，虚拟货币的经济系统将会直接被破坏，没有任何挽救方法。

对比来看，传统法币的优缺点也十分明显。优点在于，由于有各个国家银行的把控，传统法币相对安全、稳定。缺点在于，不同国家间的法币是不相同的，法币在国家间的流动性没有虚拟货币好。

总之，图7.3是虚拟货币链上交易和法币链下交易的对比示意图。目前，虚拟货币使用链上管理还存在很多问题，比如需要交易费（链下管理也存在第三方交易中介收取的服务费）、交易速度较慢等。同时，虚拟货币链上管理也具有数据安全性高、可靠性高的特点。相应地，虽然法币的链下管理体系十分成熟，但也具有安全性和可靠性的隐患。所以链下管理的法币和链上管理的虚拟货币各有千秋。在未来，两者相辅相成是必然的发展趋势。

2. DAO与传统组织

除了比较货币的链上管理与链下管理，组织的链上管理和链下管理也是值得讨论的。在Web 3.0时代中，去中心化组织（DAO）应运而生。这种新型的组织管理模式不依赖于任何具体的个人或者团体。其运行规则完全通过代码的形式发布在区块链上,所有组织参与者将完全按照规则进行活动。

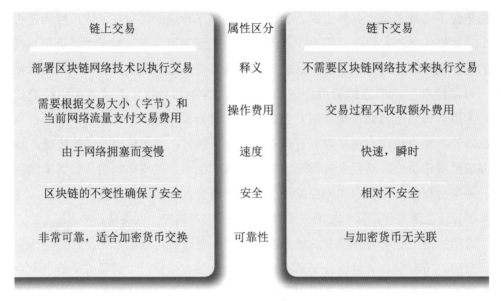

链上交易	属性区分	链下交易
部署区块链网络技术以执行交易	释义	不需要区块链网络技术来执行交易
需要根据交易大小（字节）和当前网络流量支付交易费用	操作费用	交易过程不收取额外费用
由于网络拥塞而变慢	速度	快速，瞬时
区块链的不变性确保了安全	安全	相对不安全
非常可靠，适合加密货币交换	可靠性	与加密货币无关联

图 7.3　法币链下管理与虚拟货币链上管理

这种完全由规则定义的组织管理模式具有巨大的优点。首先,由于规则定义明确,组织管理可以公平、公开地进行,即任何规则都是没有歧义的,不存在对规则不同解释导致的不公平问题。此外,由于其完全实行自动化管理,节省了维护组织运行的额外成本。当然,目前DAO都是依托智能合约实现的,而使用智能合约需要Gas费,Gas费的存在并没有实际节省组织运行成本。但这是以太坊的问题,不是链上管理概念本身的问题。

尽管DAO有巨大的优势,但同时它也存在"如何制定完善规则"的问题。由于其规则公开地部署到区块链上,若这些规则中存在漏洞,恶意份子会通过这些漏洞谋取不义之财。如何设定完善的规则是组织链上管理要解决的问题。

总而言之,链上管理和链下管理的讨论从区块链辐射到网络服务的方方面面,比如货币的链上管理以及组织的链上管理就是人们已经开始探索的方向。链上管理因为其去中心化的魅力被大家所追捧,但是不可否认的是,目前离实现链上管理的距离还十分遥远。

7.3.3　链上管理面临的难点

前文介绍了链上管理的诸多方面,也提到了诸多问题。总体来说,链上管理存在如何快速应对突发问题、如何制定完善的管理规则以及如何降低管理成本这三个问题。

1. 对突发问题快速做出反应

快速反应是链上管理要克服的最大问题。链上管理倡导的是去中心化的理念，即任何改变都要经过多数人的同意。多数人的认可要经过漫长的等待时间，而这个等待时间对于一些严重的突发问题是不可容忍的。如何建立一个针对突发问题快速的、去中心化的应答机制是实现链上管理首先要思考的问题。

2. 制定完善的管理规则

如何制定管理规则也是链上管理需要思考的地方。链下管理中的各种规则可以具有歧义，可以通过对规则的解释来进一步诠释规则。链上管理所使用的规则必须是无歧义的，可以用代码准确描述的。寻找制定这种无歧义规则的方法是链上管理需要探索的方向。一个可行的想法就是针对各种链上管理情境生成相应的规则模板，类似于各种合同模板。这样可以大大减少开发者的工作负担。

3. 降低管理成本

降低成本是链上管理要改进的方面。理论上说，链上管理相较于链下管理的一大优势在于其省去了各种管理成本（因为管理规则是公开的、无歧义的，并不需要额外的工作对其进行解读）。但是目前来看，链上管理的成本依旧存在。抛开规则制定成本，规则运行也存在成本。现在各种链上管理的规则都是依托智能合约部署在以太坊上的，智能合约的调取需要支付相应的Gas费，Gas费就是这些链上管理规则的运行成本。是否存在一种可能，链上管理规则的运行不再需要支付类似于Gas费这种额外费用？这依然是实现链上管理需要思考的问题。

虽然链上管理还存在诸多难点，但正如每个小节结尾所说的，链上管理的去中心化理念将是大势所趋。链上管理的未来依然是十分光明的。

第8章
Web 3.0的应用挑战

　　Web 3.0面临着很多挑战。首先，数据共享、分布式网络给Web 3.0带来各种数据安全挑战。其次，人才的紧缺、现有技术的诸多问题也给Web 3.0的健康发展带来很大问题。最后，若没有相应法律法规的出台以及合理的监管，Web 3.0的发展只会是无序的、混乱的。本章从Web 3.0面临的安全挑战、发展挑战和法律监管挑战三个方面分析Web 3.0时代到来前需要注意什么。

8.1　Web 3.0时代数据安全吗

　　Web 3.0的最重要的安全挑战有三个：数据可信度问题、大量元数据的管理问题和用户隐私安全保护问题。如图8.1所示，紫、蓝、绿色分别表示数据可信度、元数据管理和隐私安全保护方面的问题。实线圆表示Web 2.0中各个问题的解决方法或特点，虚线圆表示Web 3.0中相应问题的解决难点。从图8.1的对比中可看出，虽然Web 3.0的数据共享、去中心化的愿景十分美好，但是在数据管理和保证数据安全方面会迎来更大的挑战。反观Web 2.0，由于不同网络平台相互独立，这些问题给各个网络平台带来的挑战较小。下面详细介绍这三个问题。

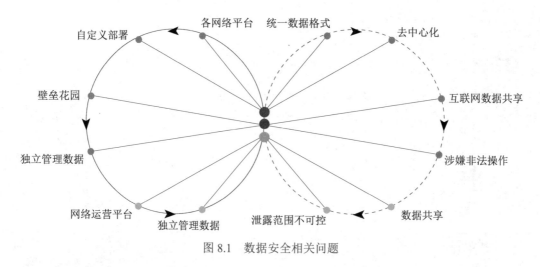

图 8.1　数据安全相关问题

8.1.1　数据可信度的问题

　　首先，如何确保数据的可信度是数据安全面临的第一个挑战。在Web 2.0中，数据由各个网络服务平台管理。它们会各自定义其所掌握的数据的私密等级，并将这个私密等级部署到其整个服务范围中。但是在Web 3.0中，网络中的数据有统一的格式描述（如资源描述框架），却并没有定义一个统一的确定数据信任边界的方法。这是由于，一个数据在不同使用场合、不同网络平台的信任边界是不同的。换句话说，一个数据的私密等级在不同的体系下应该是不同的。这点有悖于 Web 3.0 的核心观念，即数据融合。

当无法确认数据的信任边界时，低信任度的虚假数据将可能用于各种数据分析中。同时，高信任度的真实数据可能被当作噪声被排除。这极大影响了数据分析结果的可信度。互联网企业可能通过对这些数据进行分析而获利，但数据可信度的问题影响了企业的盈利，还会影响企业为用户提供的各种服务的质量。

目前，一个有效的解决办法就是第 3 章中提到的隐私计算。具体来说，数据依旧由各个互联网公司或者用户个人掌握，他们确保自身数据的可信度。然后他们之间通过隐私计算的方法，在不泄露自身数据内容的前提下，允许外界对他们的数据进行分析和利用。当然这个方法有悖于 Web 3.0 的另一个想法：使用统一的数据格式保存数据。

8.1.2 数据管理的问题

除了数据可信度的问题，如何有效管理大量数据也是一个重要问题。首先，在 Web 3.0 时代，一个企业可以访问互联网中全部的数据。如此大量的数据可以改变市场的商业模式，因为当企业可以访问大量数据时，对这些数据进行分析利用带来的利益更大。这使互联网公司的商业模式从数据的使用权获利，转变成通过数据分析获利。上述商业模式转变的具体案例会在第 9 章中的"商业转变"小节进行详细的介绍。

当商业模式发生改变时，传统互联网企业会受到冲击。此时，这些传统的合法企业或许会利用各种非法手段恶意妨碍其他企业分析它们的数据。或者，它们通过分析其他企业的数据获得大量信息，并用这些信息恶意地阻碍其他企业的发展，以求在混乱的经济危机中生存下来。所以，在 Web 3.0 时代，如果没有有效管理这些共享数据的方案，就会使各个互联网公司之间恶意竞争，从而造成各种危机。

8.1.3 用户隐私的问题

用户隐私安全问题是数据安全问题中最重要的部分。在 Web 3.0 时代，用户隐私问题可以从三个角度诠释。首先，Web 3.0 时代隐私泄露的范围将十分广泛。其次，由于各种混合数据（mashups）的使用，隐私泄露问题的责任方将难以被找到。最后，由于 Web 3.0 时代可能使用统一的网络数据格式，一旦隐私数据通过漏洞泄露，这种漏洞的复用性是很高的。

1. 隐私泄露范围

随着时代的发展，各种隐私问题受到公众关注。设想某个用户的隐私信息发生泄露，在Web 2.0时代，这种泄露是可控的，因为其数据管理权掌握在各个网络运营平台。如果这些平台间没有信息共享，也就是存在"壁垒花园"现象，则隐私泄露的范围是确定的。

但是在Web 3.0时代，数据是共享的。当发生隐私泄露时，理论上的范围是整个互联网。诸如此类的隐私泄露问题，现如今已经十分严重。举例来说，谷歌展示在美国和英国不同城市的街景的应用程序已经涉及隐私法中的诸多问题。此外，美联社报道的另一起关于"幽灵网"入侵103个国家的官方网站的事件，非常清楚地表明，现在的网络上没有什么是安全的。

2. 数据泄露责任方难以溯源

不仅如此，为了响应数据共享的思想，在即将到来的互联网新时代中占据一席之地，众多知名网络运营商都会对外开放获取他们数据的网络接口，任何个人都可以使用这些网络接口来生成各种混合数据（mashups）。例如，一个Web开发者可以将政府统计的犯罪数据和Google公司提供的地图数据进行混合，生成标有犯罪数据的地图。这些混合数据的出现无疑给数据隐私保护带来更大的挑战。

再比如，图8.2展示的是2007年各个知名互联网运营平台向公众提供访问自身数据的API接口的使用情况。由图8.2可见，大部分巨型互联网运营平台都向外提供自身数据访问服务（如谷歌、微软、亚马逊等），以支持公众开发各种混合数据（mashups）。这其中，地图数据占比最高，以谷歌提供的地图数据为首。除此之外，诸如电商数据、电子支付数据、媒体流数据等蕴含丰富个人信息的数据也都在共享范围之内。各个网络运营平台已经大量发布涉及用户隐私的数据，但是混合后的数据不会由任何一家平台维护。若数据造成隐私泄露，也不会有任何一家平台承担责任。可以预见的是，这些情况会随着Web 3.0的到来变得更加糟糕。因为在Web 3.0时代，互联网上的数据会比现在更开放。

3. 数据漏洞极易复用

在Web 3.0时代，相对统一的数据格式也会给用户隐私带来安全问题。为了解释这个隐患，本小节将先说明在Web 3.0时代中可能存在的数据格式是什么。首先，

Web 3.0出现的一个目的是解决在Web 2.0的环境下，用户很难维护自身权益、无法直接管理自身信息的问题。为了解决这个问题，Web 3.0提出打造一个去中心化的网络。这个网络将Web 2.0所产生的各种数据集成到一起，并在此基础上，由智能代理（intelligent agents，IAs）控制所有数据的检索以及投放。

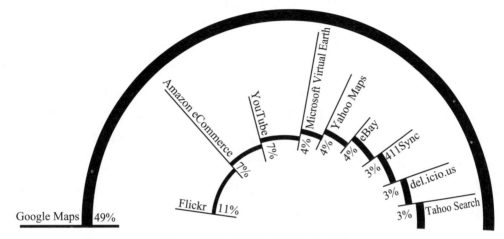

图 8.2　网络运营平台数据分享情况

为了让IAs更好地将Web 2.0的数据集合在一起并管理它们，学者们提出在Web 3.0中对数据采用统一的数据结构：资源描述框架（resource description framework，RDF），它可以帮助IAs更好地阅读和理解数据。此时，读者可以设想一个场景：有人发现RDF数据的漏洞，并用此窃取到一些用户信息。在这个情况下，理论上，他可以获得Web 3.0网络中的所有用户信息，因为它们的数据格式是一致的。这是十分危险的，这对Web 3.0的数据共享的理念带来巨大的挑战。

此外，这些安全问题也会造成运行在Web 3.0上的软件前端界面设计难度增加、限制分布式网络发展等其他子问题。所以，可以预见的是，如何有效解决Web 3.0的各种安全问题是保证用户接受新一代互联网的关键。

8.2　我们准备好进入Web 3.0时代了吗

众所周知，Web 3.0属于新兴概念。在未来的一段时间内，其必然快速发展。如今，国内各个传统的互联网企业都开始对Web 3.0进行排兵布阵。比如，字节跳动旗下产品TikTok已经推出其首个NFT作品TikTok Top Moments，将六个具有文化意义的短视频变成数字藏品进行售卖。此外，百度尝试基于AI能力搭建Web 3.0的基础设施，已有多个品牌营销的成功案例，为品牌营销提供不同场景下的Web 3.0解决方案，助力产业升级和营销创新。当然还有多个知名互联网企业旗下的云服务团队也已经加入Web 3.0的竞争中。可见，各个传统互联网企业对Web 3.0的态度是十分积极的。

但是发展需要人才驱动，目前我国关于分布式网络、区块链和虚拟货币等领域的人才是十分稀缺的。所以，Web 3.0在国内发展遇到的首要挑战便是相关人才的培养。除此之外，Web 3.0依旧处于起步阶段，相关技术难点的突破也是其发展之路上的重要挑战。在本节，将从人才挑战和技术挑战两个方面详细讨论由于人才稀缺导致的Web 3.0发展问题。

8.2.1　人才储备的挑战

国外关于Web 3.0的教育体系已经趋于完善。但是反观国内，Web 3.0的教育亟待发展。本小节将通过比较国内外Web 3.0教育发展情况，总结国内教育发展的差距。此外，也会简要讨论国内在Web 3.0领域人才供给与人才需求的不平衡等问题。

1. 国外Web 3.0教育发展现状

截至2022年，在国外，关于Web 3.0的教育体系已经趋于完善。图书方面，美国已经具有关于Web 3.0的各种读物。其中不乏内容全面、质量精良的、具有代表性的图书，如《WEB3》（2022出版）、《Web3 Made Easy》（2022出版）等。而国内，目前关于Web 3.0的科普类图书十分稀缺，更谈不上是否存在关于Web 3.0的具有代表性的图书。此外，在美国，不下100所高校开发了关于Web 3.0的课程或者项目，其课程种类繁多，分类十分详细，不仅有关于区块链、Web 3.0、分布式网络的介绍性课程，还有诸如通证设计（一门具体讲授如何设计区块链通证的课程）这种要求更高的技术性课程。除了各个高校，美国还充斥着大量面向公众开设的各种关于Web 3.0收费课程的培训机构，甚至在互联网平台上也有大量关于"Web 3.0开发"的精品课程。

2. 国内Web 3.0教育发展现状

在国内，不仅关于Web 3.0的图书十分稀缺，各个高校乃至教育机构关于Web 3.0的课程也仅仅停留在介绍性课程上。下面以区块链为例，简要介绍其相关课程以及实验室在我国发展状况。根据《中国区块链教育及人才发展报告（2020）》（本节简称《报告》），我国区块链课程及相关实验室从2015年开始创办至今，全国共有36所高校开设选修课程，共创办33个实验室。我国高校开展区块链教育的部分情况如图8.3所示。

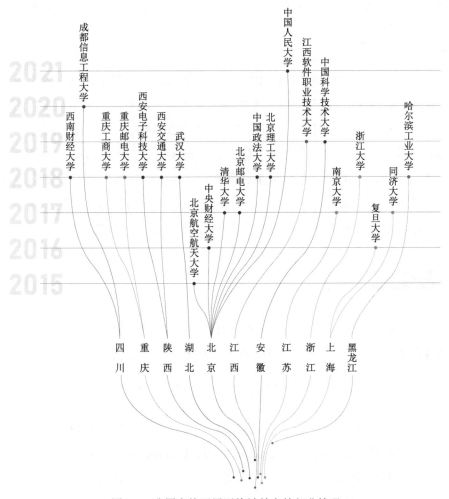

图 8.3　我国高校开展区块链教育的部分情况

其中2018年，我国高校开设各类课程及创办实验室的数量较多，共计开设12门区块链课程并创办15个区块链实验室。这些区块链课程大多作为选修课存在，只是对区块链相关知识做简要介绍，并不涉及深层次的技术性知识，更无法达到培养相应行业人才的目的。此外，我国首个由教育部批准的"区块链工程"本科专业由成都信息工程大学开设，并于2020年开始正式招生。同一时间，美国前十名的大学中早已有三所创办区块链专业，其余开设区块链专业的普通高校更是数不胜数。

3. 国内Web 3.0人才需求现状

通过上文举例可见，我国的区块链教育仅仅处于起步阶段。区块链是Web 3.0相关技术中大众最熟知的技术，其教育发展情况尚不乐观，其余技术教育的发展更是捉襟见肘。所以，从教育角度来看，目前国内对Web 3.0相关领域的人才教育亟待改进。但是，从产业角度来看，当下企业对于Web 3.0（至少是区块链技术）的人才需求却是巨大的。

2022年，随着"元宇宙"概念在国内被众多资本追捧，相关的人才需求陡然增加。其中，Web 3.0作为元宇宙可能的底层网络架构及技术基础，其人才需求也相应增加。在关于Web 3.0的诸多招聘需求中，对区块链人才的需求依旧是最大的。《报告》指出，2020年，区块链相关岗位招聘人数为3844人，岗位需求向开发岗位倾斜，招聘企业从小型、微小企业为主转向大型企业为主。由此可见，市场对区块链相关人才的要求由之前的以销售为主转向以技术为主。这进一步要求相应教育体系的进步。除此之外，从大型企业对区块链人才的需求增加可知，区块链依旧是在就业前景上极具竞争力的领域。上述信息都表明，发展相关教育是十分必要的。

8.2.2　技术的局限性

一项技术有自己的进步性，自然也拥有自己的局限性。Web 3.0在实际应用的过程中显露出了一些缺陷，这也许会成为Web 3.0技术发展的绊脚石。

1. 去中心化理念和中心化的基础设施平台之间的矛盾

首先，虽然Web 3.0秉承去中心化的概念，但是集中化的基础设施平台为分布式网络协议的成功搭建了基础。无论是OpenSea、Etherscan还是MetaMask都需要依靠Infura这个基础设施即服务供应商提供服务。对集中化的基础设施平台的依赖影响到了分布式软件进一步的发展。

2. Web 3.0对虚拟货币过度依赖

Web 3.0对虚拟代币过度依赖，也是其本身技术问题之一。Web 3.0的经济基础是建立在虚拟货币资产之上的，这也就意味着虚拟货币体系的失败会导致Web 3.0体系的崩塌。哪怕只是货币短暂的波动都会造成巨大的影响，比如宣布比特币为法定货币的萨尔瓦多就因为比特币的波动导致国家资产亏损5741万美元。

除了虚拟货币体系波动巨大的问题以外，虚拟货币的诸多技术问题也对Web 3.0造成困扰。比如，现在确认虚拟货币的交易时需要在区块链上发布新的区块，因此交易时间需要数十秒甚至更多。而且，交易完全得到确认可能需要更长的时间（只有认为交易无法被回滚时才可以认为交易完全得到确认）。如此长的交易时间是无法忍受的。再比如，若以虚拟货币作为Web 3.0的经济基础，则虚拟货币的需求是十分大的，这会造成不可计数的自然资源浪费。目前，虚拟货币的铸币行为是对人为设计的数学问题进行求解。这一行为除了获取代币外，没有任何实际意义。但是求解的行为会消耗大量的自然资源（电能和生成电能所需要的其他资源）。

3. 万物上链相关技术问题

Web 3.0的去中心化思想要求万物上链，万物上链本身也会带来技术问题。由于区块链具有一旦上链就很难更改的特点。一旦具有代码漏洞的程序被发布到区块链上，其代码很难被更改，漏洞会带来巨大的损失。轻则会给自身带来巨大的经济损失，重则会危及整个网络的安全。比如前文介绍的，The DAO组织由于其代码漏洞而造成了约5000万美元的损失，并迫使以太坊分裂成两个独立社区各自发展。若相似的事情在以后的Web 3.0时代再次发生，有可能给网络带来毁灭性打击。因此，Web 3.0时代对代码质量的要求与Web 2.0时代是不可同日而语的。尽快开发出各种应用、各种场景下的规范化的代码模板，也是亟待解决的技术问题。

4. Web 3.0新技术的学习难度

Web 3.0技术的发展会催生新编程语言、新的框架和更多新生事物，新生事物会带来许多技术问题，而排除这些技术问题需要花费大量的人力物力。区块链本身难以适应新环境，试图引入第三方工具解决会为软件本体带来更多的弱点。以上因素都会让Web 3.0软件的开发面临时间不断延长的风险。

总而言之，图8.4总结了上文所说的Web 3.0可能面临的所有技术难题。其中虚拟货币作为经济基础是Web 3.0面临的最大挑战，因为虚拟货币本身依然存在众多的技术问题，如交易时间过长、能源消耗过大以及可能存在高昂的交易费用（如使用以太坊进行NFT的交易，由于要调用相应的智能合约，要支付高昂的Gas费）。除此之外，Web 3.0时代对代码质量的要求也会大大提高，这也会成为阻碍Web 3.0发展的重要问题。

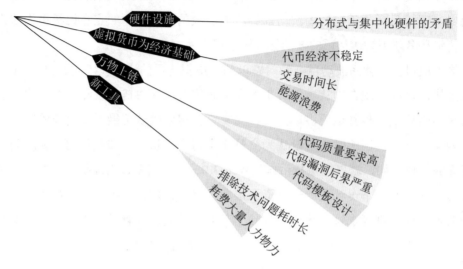

图 8.4　技术挑战总结

8.3 法律监管准备好迎接Web 3.0了吗

若想实现Web 3.0的全面部署，除了保障数据安全、克服技术问题、解决人才短缺之外，法律与监管的力量也是不可或缺的。如果没有相应的法律法规以及切实的监管，发展可能带来各种混乱的、对社会具有危害的事件。比如，前文提到的，比特币带来的各种经济危机有可能在Web 3.0发展中卷土重来。市场对各种数字藏品、NFT的恶意炒作也可能带来各种问题。所以，制定相应的法律法规以及配套的监管方案是保证Web 3.0顺利发展的重要基础。下文，将首先结合Web 3.0以及元宇宙的特点，探讨对其进行监管的意义。然后列举几个潜在的需要进行监管的案例。最后介绍我国已开展的各种监管，并展望未来监管方向。

8.3.1 法律和监管的意义

虽然Web 3.0的理念是创建数据共享、用户平等的开放式互联网环境，但是实体世界中，全球的治理是由各个不同的国家治理组成的。互联网世界作为现实世界的延伸，其治理也必然呈现由各个国家各自治理部分网络，并互相合作维护整体网络稳定的态势。相似地，未来的元宇宙也必然是由不同国家、企业乃至个人共同构筑的多元宇宙。下面，将详细阐述我国需要对Web 3.0进行监管的三个原因。

1. 不同国家法律法规差异巨大

首先，在当前的Web 2.0时代中，互联网作为实体世界的一部分已经被纳入各个国家的治理中，不同国家关于互联网的法律条目和监管体系差异巨大。随着互联网中新概念、新事物、新现象的出现，这种差异会进一步加大而不是减小。由于不同背景、不同发展情况、不同立场的国家对这些新生事物的解读是不同的，因此对其采取的治理方案也是不同的。《自由之家》报告指出："在2021年，至少有48个国家针对科技公司制定了关于内容、数据或竞争的新的法案和监管规则。"可见，大部分国家对网络监管的态度是十分积极的。从内容上来看，我国的监管模式与美国的监管模式，甚至与欧洲国家的监管模式有很大差别。

可见，各个国家都有各自对互联网的法律条例以及监管模式，不同国家之间的条例与模式差异巨大。所以在Web 3.0时代，中国提出适合自身发展的相应的法律法规是必要的。

2. 现有法规不适用于Web 3.0

我国现有的关于互联网的法律条例以及监管模式可能并不适用于Web 3.0时代。Web 3.0的核心是一个颇具哲学意味的理念，即实现分散的、民主化的互联网治理，而不是将互联网交由某些互联网平台或者政府管理。当前，我国对互联网的管理更多集中在对互联网平台的限制和约束。因为在Web 2.0时代，各个互联网平台是控制互联网的核心角色，个人发布的任何信息都要由互联网平台收集、发布和管理。但是在Web 3.0时代，任何个人在符合公开的网络规则的前提下，便可自主地向互联网发布信息。这些信息原则上是由个人进行管理的。此时，国家的重点约束对象要从互联网平台向个人进行转变。显而易见，已有的法律条例和监管模式也要相应发生巨大的改变。

3. 防止社会不平等现象进一步加剧

最后，正如2012年《时代》杂志中的一段话："The future is already here. It's just not evenly distributed yet."——时代一直在变革，只是它没有发生在所有地方。

在美国，有人提出："在Web 3.0时代，更多的实体世界活动会转向虚拟世界。"这会进一步加剧社会不平等现象的发生。这一现象在当前的Web 2.0时代已经存在。举例来说，在新冠疫情期间，美国有5500万儿童被迫转向线上课程。其中五分之一的儿童由于网络问题，时而无法完成作业，更有1200万儿童无法正常上网。另一项数据显示，无法使用互联网的人群的受教育程度远低于可以使用互联网的人群，前者的失业率也远高于后者。可见，数字鸿沟对弱势群体更加不利，特别是对那些无法使用互联网的人。关于这一点，我国也是如此。互联网并没有在我国全面普及。据报道，截至2021年，我国互联网普及率为73.0%，其中农村地区为57.6%。可见，城乡互联网使用情况存在较大差异。若按照目前情况，直接进入Web 3.0时代，会加剧城乡发展的差异。

因此，在进入Web 3.0时代之前，国家应加快普及互联网，并对这些行动进行有效的监管。在Web 3.0时代，国家也要针对Web 3.0的特点提出新的防止不公平竞争的

法律法规及监管方案。总而言之，上述内容也是国家需要对 Web 3.0 进行监管的重要
原因。

8.3.2　法律和监管的现状

目前，我国对 Web 3.0 相关的虚拟货币及其衍生品的监管是十分完善的。以
NFT 为例，如图 8.5 所示，政府已有各种法律法规和监管方案，并从根本上杜绝了
国内团体和个人对其炒作可能造成的各种隐患。此外，针对比特币、以太坊等虚
拟货币的买卖以及发行各种新型代币的行为也有十分完善的法令和监管方案进行限
制。但是正如上文提到的，这些严格的限制可能也阻碍了 Web 3.0 在国内的发展，
从而使中国在这项技术的竞争中处于劣势。在未来，在保护国内经济的前提下，如
何鼓励 Web 3.0 在国内的发展，是我国制定有关 Web 3.0 的法令和方案时需要思考的
重点。当然，这里说一句题外话，Web 3.0 技术的发展不仅需要政府的支持，更需
要从业者的努力。如何真正发挥技术的优势创造实际价值，而不被外界当做投机分
子，这也是从业者需要考虑的问题。或许，借助区块链信任体系，实现更便捷的身
份认证可能是发挥 Web 3.0 技术优势的一个应用。

监管方向	相关文件
虚拟货币	《关于防范比特币风险的通告》
区块链技术	《区块链信息服务管理规定》
算法应用	《互联网信息服务算法推荐管理规定》
个人信息保护	《中华人民共和国个人信息保护法》
数据安全	《中华人民共和国数据安全法》
网络安全	《中华人民共和国网络安全法》
平台治理	《关于推动平台经济规范健康持续发展的若干意见》
元宇宙	《关于防范以"元宇宙"名义进行非法集资的风险提示》
数字藏品	《关于防范NFT相关金融风险的提议》

图 8.5　与NFT有关的各种法律法规

展望未来，如前文所说，我国不仅需要对虚拟货币及其衍生品进行监管，还需
要提前考虑各种实体活动向虚拟世界转移的问题，并对其做出回应。此外，技术的
发展离不开对相关技术人才的培养教育，而一个成功的培养方案也离不开国家对其

的政策支持和监管。最后，Web 3.0技术可能改变现有的互联网企业商业模式，在可能发生的商业变革中，如何防范企业间的恶意竞争、保护行业稳定也是国家需要在法律与监管方面思考的问题。

8.3.3 法律和监管的挑战

现如今，Web 3.0带给大众最大的影响便是虚拟货币。因此，目前，国家对Web 3.0的监管主要聚焦在虚拟货币及相关衍生品上面。虚拟货币作为在网络世界流通的货币，它不受任何单一的经济实体管控（这是由于互联网世界本身无法被任一国家单独管理，只能由各个国家分而治之）。它的铸币权由区块链规则本身规定，不受任何国家银行的调控。因此，虚拟货币具有规避国家政策管理的天然优势。这一点会给实体经济带来很大影响，这也是国家需要着重监管的地方。举例来说，如何监管法币向虚拟货币恶性转移以及如何监管外资通过虚拟货币向本国市场恶意注入或外撤就是一个重要问题。当然，投机分子利用Web 3.0、区块链、NFT等新兴概念进行恶意炒作、制造经济泡沫也是一个重要的问题。目前，我国对投机的监管是十分严格的。

1. 中美对投机分子炒作虚拟币的不同反应

从防范手段来看，中国和美国采用的是两种完全不同的方式。美国并没有严格限制资本向虚拟货币的涌入。它通过传统的第三方中介平台来维护市场的稳定。当然不可否认的是，虚拟货币（或者说是区块链）概念的提出就是为了在没有第三方的担保下解决交易双方互不信任的问题（也可以称为拜占庭将军问题），从而可以减少由于第三方存在产生的额外交易成本。美国的做法是将虚拟货币纳入传统的信任体系，允许虚拟货币乃至Web 3.0在束缚中发展。

不同的是，国内对虚拟货币乃至Web 3.0的态度较为保守。国内出台各种法令、政策，防止资本大量向其涌入，从源头封锁其在本国的发展，防止经济泡沫的出现，也杜绝其带来的各种隐患。

不可否认的是，目前来看，这两个不同的方案都是两个国家各自最适合的方案。但是，中国相对保守的态度，也可能会致使中国错失Web 3.0发展的宝贵窗口期。或许，正如硬币有正反两面，中国也需要在适当的时间点及时调整策略而适应外部的改变。

2. 中国对Web 3.0其他方面监管举例

除了对虚拟货币进行监管外，国家依旧需要对Web 3.0的其他方面进行监管。再次强调，在Web 3.0时代，或许会有更多的实体世界活动转向虚拟世界，而国家也需要及时提出适应虚拟世界的法规和方案。比如，现实生活中用户的各种隐私信息需要在虚拟世界受到保护（如身份证信息、银行卡信息，甚至是个人肖像信息），而且虚拟人物的相应信息也需要得到保护。再比如，当在线考试出现时，如何类比线下考试，解决在线考试的诚信问题。诸如此类的例子还有很多，对网上博彩的监管、对线上文娱活动的监管、对各种没有实体的网络组织（如各种DAO组织）的监管等。总而言之，当Web 3.0时代到来，法律法规和监管方案要跟上技术的发展速度。

第9章
Web 3.0的未来

　　Web 3.0这个高频词正受到越来越多的关注。我们听到身边的人越来越频繁地讨论Web 3.0、数字人、元宇宙、NFT、数字藏品等相关名词。不难想象的是，Web 3.0的发展将为互联网使用者带来种种可能性，它是企业拓展业务、提高效率和创新的好机会。展望Web 3.0时代，高频互动的社交网络带来的信息量正以爆炸性的规模增长。互联网的用户和企业亟需一个对数据信息进行高效分析、优化、筛选、存储的解决方案，而Web 3.0正是这个方案。伴随着分布式科技的落地，人和技术将以前所未有的新方式交互和发展。

　　在前面的8章中对Web 3.0相关知识进行了全面而系统的介绍，本章将总结Web 3.0给个人和社会带来的影响，展望Web 3.0的美好未来。

9.1 产业革新

在一项科技横空出世后，人们就会开始考虑如何让科技实现应用。每当有新的科技实现应用后，这项科技所引发的浪潮就会产生一个新产业的蓝海。Web 3.0作为一种新兴的网络架构组织方式已经开始重构信息与通信技术的生态，越来越多的人开始了解虚拟身份、去中心化、数字藏品、加密货币等新概念和新事物。Web 3.0推动的产业升级正对我们的生活产生重要而深远的影响。Web 3.0将带来众多行业的发展和升级。

9.1.1 语义网络助力人机对话

语义网是对Web 3.0的设想之一。语义网使用语义来解释和搜索，为用户提供更合适的内容。在Web 3.0时代，由智能代理管理数据的思想会成为Web 3.0带来的产业革新之一。新的计算范式将从传统的通过客户机/服务器分发信息向由智能代理自主收集分发信息进行转变。传统的搜索引擎无法理解搜索词汇的潜在关系，因此在搜索的可靠性和相关性上有不少缺陷。语义网则通过为文档添加元数据来理解电脑无法理解的内容，大大改善以上出现的问题。

1. 走进语义网

想要让机器理解词汇和文档的关联，首先就需要机器理解数字内容。科学家现在一般通过人工智能提供的深度学习算法和分析能力让机器"理解"内容。深度学习算法将训练人工智能识别不同类型的内容并赋予它们意义。"学成归来"的搜索引擎不仅会推荐最流行的内容，还会对搜索词汇的关联加以理解，以帮助改善整体的用户体验。

自然语言处理技术（natural language processing，NLP）将帮助计算机理解人类的自然语言，进而帮助用户进行检索。NLP作为语言学和人工智能的交叉领域在语义网络中发挥着重要作用。

2. 详解 NLP

自然语言是指人们日常使用的语言。它是人类社会约定俗成的语言，是人类学习和生活的媒介。它和程序设计的语言有着天壤之别。自然语言处理（NLP）就是以自然语言为对象，利用计算机技术来分析、理解和处理自然语言的一门学科。NLP把计算机作为语言研究的强大工具。NLP通过对语言信息定量化的研究来寻找人与计算机之间能共同使用的语言。常见的NLP应用包括机器翻译、语音识别、情感分析、问答系统、自动摘要、聊天机器人、市场预测、文本分类、字符识别和拼写检查等。

释义 9.1：自然语言处理（NLP）

一种使计算机能够解读、处理和理解人类语言的技术。

NLP的多种应用程序可以帮助企业提高其流程的生产效率。以大数据为后盾的NLP可以帮助企业做出更多以客户为导向的决策，还可用于预测消费者行为，设计和推出更好的产品和服务。统计NLP、光学字符识别和其他NLP技术也可以帮助企业提供可定制的产品和服务。NLP在市场预测方面的应用也吸引到了很多关注。通过文本提取、情感分析和数据挖掘，NLP应用程序能够在非结构化的数据中获取信息并提供可靠的市场趋势。

3. 语义网与 NLP

虽然语义网和NLP是两个不同的领域，但是它们分析的目标都是由语言和语法组成的文档。语义网与NLP技术的结合能够帮助计算机更好地理解人类的语言。当用户需要处理大量非结构化信息的时候，NLP和语义网的共同分析会比单独使用一种方式更有效率。NLP会先从基于文本的文档中提取结构化数据。随后这些数据通过语义网链接到数据库中从而弥合文档和数据之间的差距。

本书在第2章介绍了用语言识别来识别非结构化数据的例子。将语义技术与NLP技术相结合就可以从日常对话中提取相关信息，将这些信息与已经存储在结构化数据库中的数据相联结，最终帮助语音AI给出正确的回应。结合语义网的灵活性，NLP技术可以从文本数据中提取任何可能的结构。这种组合允许语义网随NLP功能一起发展，不需要因为语义网的更新而反复重新安装。

在未来，Web 3.0环境下的语义技术将使人和机器能够以前所未有的规模连接、发展、共享和使用知识，改善用户对互联网的体验。不仅如此，Web 3.0下的语义识别技术将超过现在的标准。未来的语义识别技术将拥有广泛的知识表示和推理能力，包括分析微格式、语义HTML（超文本标记语言）、模式检测、深度语言学、本体和基于模型的推理、类比和不确定性推理和因果关系等。

9.1.2 物联网迈向万物互联

物联网（internet of things，IoT）被称为"万物相连的互联网"，是在互联网基础上延伸和扩展的网络。它将各种信息传感设备与网络结合起来，最终实现"无处不联网"的愿景。

> **释义 9.2：物联网（IoT）**
>
> 物联网是一个由相互关联的计算机、机械、智能设备及人类组成的系统，具备通用唯一识别码（UID）。物联网可以通过信息传感设备，按约定的协议，将任何物体与网络相连接，物体通过信息传播媒介进行信息交换和通信，以实现智能化识别、定位、跟踪、监管等功能。

1. 走进物联网

物联网是在互联网的基础上充分利用智能嵌入技术、无线数据通信技术、无线射频识别技术（RFID）、遥感技术和微纳技术构建的智能网络。物联网可以实现随时随地人机物的互联互通，这在Web 2.0网络下还是难以想象的。随着Web 3.0技术的发展，这一构想可能成为现实。

在当前的IoT生态系统中，各种设备和应用程序都在自己的平台或云中运行。它们与其他品牌的产品缺乏足够的兼容性。为了充分利用物联网的潜力，跨设备和平台的水平和垂直通信必不可少。通过Web 3.0的去中心化网络，用户可以打破平台的枷锁，实现跨应用程序访问数据。用户既不必担心应用程序与设备的绑定，也不会受扰于设备和平台的不兼容。Web 3.0的互操作性更适合物联网的发展。

2. 工业物联网

接下来我们将以工业物联网（industrial internet of things，IIoT）为例展开说明Web 3.0如何推动物联网的实现。工业物联网（IIoT）是物联网（IoT）的一个子类别，指在工业环境中使用物联网技术来优化工业制造流程。IIoT专注于机器对机器通信、大数据和机器学习等领域。它帮助企业在运营中具有更好的效率和可靠性。让IIoT与众不同的是信息技术（IT）和操作技术（OT）的结合。OT指的是操作过程和工业控制系统（industrial control systems，ICS）的联网，包括人机接口（human machine interfaces，HMI）、监控和数据采集（supervisory control and data acquisition，SCADA）系统、分布式控制系统（distributed control systems，DCS）和可编程逻辑控制器（programmable logic controllers，PLC）等。

IIoT是工业4.0的基础技术。它使用智能传感器和执行器来连接人员、产品和流程，为数字化转型提供动力。通过使用IIoT平台，企业可以以新的方式连接、监控、分析和处理工业数据，从而达到最大化收入增长的目的。IIoT所代表的理念是智能机器不仅能比人类更有效率地实时捕获和分析数据，还能更有效地传达那些能够推动业务决策的重要信息。

工业数字化的主要基础设施是工业互联网。工业互联网旨在将机器连接到网络，收集生产数据，同时能够远程控制，最终实现软件和机器结合的目标。构建工业互联网，需要考虑如何将机器与互联网连接起来。物联网为物理对象与网络之间的通信提供了良好的研究基础。区块链的出现自然为这些分布式机器提供了一个很好的方式来组织工业物联网。为了实施可靠的IIoT，必须通过可靠的计划来解决一些关键问题，如互操作性、异构性、机密性和安全漏洞。IIoT中发现的这些挑战可以通过区块链技术来克服，该技术能够增强安全性和可靠性。

Web 3.0环境下的IIoT已经在各行各业中开始应用。比如食品供应链中使用的区块链能够提供溯源功能，让透明的食品生产链成为监控食品质量和安全的有效方式。智慧农业则是另一个应用领域。影响农业的因素复杂多变，为农业生产带来诸多挑战。在IIoT环境下农民可以使用传感器检测温度、湿度、水位等气象数据，随后用区块链整合分散的数据，最终进行生产决策。制造业也可以使用区块链作为收集和分析生产数据的优秀工具。

9.2 商业转变

在Web 2.0的环境下，公司可以通过垄断信息来达到盈利的目的。比如网络平台就可以借助庞大的用户数量进行垄断，进而通过不断的收费涨价达到盈利的目的。这在Web 3.0时代是难以做到的。"围墙花园"的现象将不复存在，用户可以在任何平台获取他想要的信息。决定用户接收什么数据信息的不再是掌握数据的企业，而是用户个人通过行为和信息所表达的个人喜好。在Web 3.0时代，企业的商业模式将会从以信息为中心的计算模式向以知识为中心的计算模式转变。

实际上诸如此类的转变已经发生在各个企业中，比如谷歌的广告投放如今更注重对用户数据的分析。谷歌会为用户投放其更可能感兴趣的广告而不是无脑地进行广告投送。另一个例子就是欧洲的快餐连锁店与互联网企业的合作。当顾客访问各个线下餐饮门店时，他们可以连接门店提供的免费Wi-Fi服务并填写一份用户信息问卷。与餐饮企业合作的互联网企业会根据获取到的用户信息和问卷上的信息（如用户访问门店时长、次数、商品浏览数量等）来进行用户的商品喜好分析，帮助快餐店更好地推出符合顾客喜好的商品。这种商业模式的转变会促成各种新的商业模型的生成。如当某一企业的数据要被其他企业使用时，可以向使用者征收信息许可费。再比如企业可以依据对用户的数据分析为用户提供定制化服务并对其收费。企业也可以通过对用户喜好分析为其投送相应的广告，对有效的广告宣传进行额外收费。

总的来说，Web 3.0将信息搜索、实体服务、丰富的社交互动集成在一次简单的上网过程中。它提供了消费者和供应商之间新的互动方式。为此，企业需要调整商业模式。通过使用不同平台的数据以及数据分析工具对用户信息进行分析，逐渐适应Web 3.0时代。

9.2.1 Web 3.0引领商业模式

在当前竞争激烈的电子商务市场中，公司在Web 3.0环境下的正确定位是一个关键的成功因素。目前Web 3.0技术的发展已经改变了商业模式。现有的商业模式基于一系列直接收入和间接收入。直接收入指的是来自用户的直接支付，例如许可、订阅、小额支付或移动商务。间接收入则是通过流量或市场声誉间接获得的，例如广告、流量生成或协作消费等。图9.1展示了Web 3.0的商业业务模型。图9.1呈现的业务模型改编自Scott Brinker最初提出的链接数据和Web 3.0的业务模型。图9.1中显示了两个维度，横轴表示谁获得了服务，纵轴表示收入的直接程度。

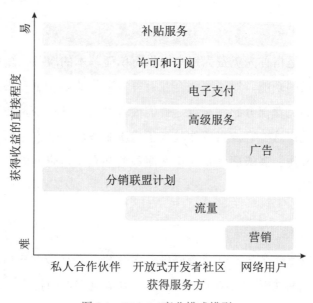

图 9.1　Web 3.0商业模式模型

在下文中，我们将介绍企业可以通过Web 3.0平台直接或间接获利的9种不同的方式。

1. 许可

软件行业的许可模式已经非常成熟。在现有的网络中按照排他性的不同有三种常见的网络许可：独占使用许可、排他使用许可和普通使用许可。Web 3.0环境下的软件将是无信任的和无许可的。在Web 3.0世界中，所有用户都可以在不请求许可的情况下加入任何网络，只需按下一些按钮就可以享受和别人相同的服务。

2. 订阅

订阅是指对一段时间内的数据访问收费。服务的提供者不直接出售服务，而是每周、每月或每年出售服务或数据内容的访问权。这实际上将产品的一次性销售转化为服务的重复销售。

订阅模式的实施需要定义所提供产品或服务的特定使用条款及其使用限制，例如某些订阅业务模型的费率取决于客户使用服务的频率或时间。对于企业而言，一个好的经营战略是以较低的价格提供长期会员资格。这将创造足够的前期资金以帮助企业进行金融投资、研发产品或升级服务。为了能留住用户，企业可能会将产品或服务设置为自动续订。一旦到了使用期限，客户将被自动收取费用以续订下一期服务。

3. 优质服务

优质服务理念是指首先免费为用户提供简单而基本的服务，随后引导用户付费尝试更高级或附加的功能。对于这些企业而言，营收的增长更多来自于现有客户。如果客户对服务的免费部分感到满意，他们很有可能会支付少量费用来获得额外的服务。更重要的是在这些客户付费体验到了优质服务后，他们会倾向于向他们的朋友和家人推荐和宣传。高级服务是对免费服务的补充，是企业向消费者展示企业竞争力和优势的渠道。

4. 广告

大多数社交媒体服务目前都包含广告。谷歌的广告是最广泛和最受欢迎的商业模式之一。下面两种方法可以在Web 3.0平台中实现广告的推广。第一种方法是将其平台视为一个门户网站。大量的用户流量使广告有利可图并推动多样化的网站服务。第二种方法是使用一些先进的商业广告技术来帮助推销，如情境广告和行为营销等。Web 3.0平台上的广告是会根据用户行为而动态变化的，广告商因此可以根据用户爱好推送有针对性的广告。

5. 流量生成

流量生成也是间接货币化收入的一种来源。它的过程非常简单，就是在搜索引擎和流量热榜中占据有利位置，从而产生更多的流量。当企业获得更多流量时，它们来自其他直接商业模式的收入也会随之增加。

6. 小额支付

小额支付模式是从个人使用数据集的小额支付中获得收入。这些小额支付可以使用电子支付轻松部署，即使用信用卡、电子支票、在线账单支付和支付宝等。小额支付对消费者来说非常方便。消费者可以在任何时间、任何地方进行电子支付。小额支付是一种快速、简单、安全的票据交易方式。对企业而言，小额支付降低了企业的成本，因为小额支付的次数越多，花在纸张、邮递以及去银行交易的交通上的钱就越少。提供小额支付还可以帮助企业提高客户保留率。客户更有可能返回到已输入和存储其信息的同一个Web 3.0站点。

小额支付虽然不是什么新事物，但是向订阅或小额支付模式的演变却是Web 3.0带来的新变化。它将对低收入用户产生重大影响。因为为了吸引订阅者，企业仍然会允许用户获得有限数量的免费使用次数。

7. 大规模定制

大规模定制使企业可以根据客户对美学、功能、风格、颜色、材料和尺寸等相关组件的选择为每一位客户提供个性化的产品。传统上来说对产品进行个性化定制的成本太高，难以扩展。然而随着3D打印等相关技术的发展，大规模定制的成本不断降低，为客户进行个性化定制正变得可行。

通过提供独特的商品，企业能够脱颖而出，与客户建立更加紧密的关系。由于大众普遍认为大规模定制会增加生产成本和复杂性，定制商品的价格通常会更加昂贵。避免这个问题的一个好策略是在确定产品关键元素的同时提供适当程度的可变性，这样就能同时保证成本和定制化的需要。

8. 协作消费

协作消费（collaborative consumption）是指一个群体对商品或服务的共享使用。在一次正常消费中个人支付商品的全部成本并拥有对商品的独家使用权，但在协作消费中，多个人可以同时使用商品并承担其成本。

协作消费被认为是基于P2P模型的消费模式。网络上的很多公司都在开展P2P模型类业务，但到目前为止鲜有人能够盈利。P2P模型在信任和质量控制方面面临着挑战。P2P网络的存在让正版公司感受到了劣币驱逐良币的威胁。

P2P网络可能会成为数字化商业战略的重要组成部分。但想要取得成功，有必要了解并正确评估版权所有者的版权问题，同时对P2P平台进行查漏补缺，保证不出现版权问题。

9. 移动商务

移动商务（mobile business）是指通过无线通信来进行网上商务活动。移动商务可高效地与用户接触，允许他们即时访问关键商业信息和进行各种形式的通信。移动商务现在已经成为一种标准。利用Web 3.0，企业可以为用户提供移动商务体验，能够更有效地进行沟通，同时也可以轻松地接触到可能的用户。在Web 3.0的移动商务中，不仅可以查看社交网站的社交图数据，还能够利用实时的真实世界信息，如当前的位置、天气、交通、当地商户、附近的其他朋友、去过的地点等，从而帮助企业寻找更多潜在的客户。

9.2.2　Web 3.0提升用户体验

Web 3.0的目标是让个人重新获得权力。在Web 2.0的环境中，数据非个人所有而是属于各大公司。Web 3.0能让大家重夺自己数据的所有权。用户可以选择出售或将数据保留在自己手中，这完全取决于用户的个人意愿。

新一代互联网环境允许用户根据自己的偏好和需求进行定制。Web 3.0带来的用户体验的提升主要体现在三个方面，即增强数据隐私保护、增加数字信任和忠诚度和提供更加身临其境的体验。

1. Web 3.0增强数据隐私保护

Web 3.0在隐私保护方面的显著变化是不存在中心化的第三方。用户不再依赖公司平台而是直接进行点对点的交流。Web 3.0环境下通常使用的区块链技术不属于任何一个人，这样就能确保通信的安全和分散。区块链还允许用户自己验证自己的身份，最大限度地减少可以访问敏感信息的人的数量。

Web 3.0将使互联网变得更加透明。不可更改的区块链记录几乎对任何人都是可见的。用户可以随时随地检查应用程序如何使用用户本人数据。现在用户不知道各种网站如何收集、存储和使用他们的信息，泄露个人信息的丑闻更是层出不穷。区块链提供的透明度有助于揭开神秘的面纱，帮助用户对如何使用互联网做出更明智的决定。

Web 3.0的应用也会降低黑客的攻击频率。由于Web 3.0分布式的特性，黑客必须访问每个区块链网络上至少51%的机器才能破坏它。这种攻击需要大量的时间和金钱，因此，用户不必担心他们的个人信息被黑客窃取。

2. Web 3.0增加数字信任和品牌忠诚度

如果人们能够预测一个人或者一个品牌的行为，他们就会更加容易相信这个人或品牌。信任是对实体行为方式的信心和安全感。客户会信任那些诚实的品牌。Web 3.0将使用具有去中心化存储方法的人工智能系统提高业务交易、运营和支付处理的透明度，让网络更加开放和诚实。

Web 3.0将助力于重建用户对网络技术的信任。Web 2.0的企业过于追求盈利而忽视用户信任。截至2021年，41%的美国人经历过网络骚扰，其中包括冒犯性的辱骂、跟踪、身体威胁和性骚扰。黑客攻击也以每39秒的频率发生一次，每年影响三分之一的美国人。

改善数据隐私和安全性才能获得数字信任。通过使用区块链生成的防篡改记录，Web 3.0技术将提高企业与客户之间的透明度和信任度。客户将能够使用实时供应链视图在每个阶段了解其产品的信息。客户的安全感有了保障，自然就能让企业获得消费者信任和品牌忠诚度。

3. Web 3.0提供身临其境的客户体验

元宇宙是这几年极为热门的话题，很多品牌希望能在元宇宙占有一席之地。元宇宙提供了一种非常逼真的虚拟购物体验，比如运动服装公司耐克就在Roblox平台上创建了Nikeland，帮助用户开展社交和参与公司促销活动，进一步增强了与消费者的联系。

消费者与客户关系的改善还可以借助于大规模地扩展沉浸式体验。如果一个品牌能够在客户的整个消费过程中无缝地将传统渠道体验（网页、电子邮件、手机）、自然体验（实体店、呼叫中心、语音、文字、触觉）和扩展体验（增强、虚拟、混合现实）结合起来，客户就将获得无与伦比的沉浸式体验和品牌满意度。

9.2.3 Web 3.0助力企业品牌建设

用户是消费的中心。用户的消费逻辑和消费理念已经发生了变化，对产品有更多的个性化、人格化的需求。消费者更加愿意为产品所带来的情感价值和情绪共鸣付费，更加注重对品牌的认同感。Web 3.0的到来促使企业关注品牌营销，重视以用户为中心的理念，致力于提高品牌的可见性和影响力。

1. 以用户为中心

Web 3.0的环境下，企业会更加注重以用户为中心的战略。前文已经从用户角度描述了Web 3.0带来的用户体验的升级，接下来将从企业视角介绍Web 3.0带来的影响，如图9.2所示。

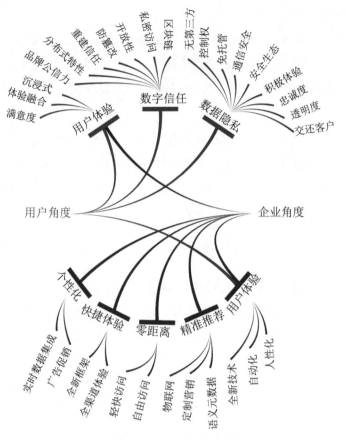

图 9.2　Web 3.0用户体验升级

·个性化。Web 3.0将个性化提升到了一个新的水平。实时数据集成可以为在线互动和贴合用户兴趣提供更有意义的框架。采用正确的商业模式可以帮助企业显著改善客户体验，并为他们提供丰富的广告和促销机会。

·快捷体验。Web 3.0使企业可以更好、更快地接触到目标受众并与之互动，但这需要企业能够为最终用户提供舒适的移动互联网体验。今天的消费者不仅需要完善的全渠道体验，还需要更轻松、更快速地访问信息。

·零距离。Web 3.0彻底改变了人们访问数据的方式。人们可以通过个人电脑和智能手机，随时随地通过任意数量的设备访问内容。

·精准推荐。Web 3.0可以理解单词的含义并向用户推荐量身定制的内容。企业可以使用语义分析来描述在线内容，创建符合用户意图的内容，这将使用户更容易找到产品和服务。

·用户体验。在Web 3.0环境下，机器学习和人工智能等相关技术将帮助企业提供更好的用户体验。这些技术将使企业能够自动执行重复性任务，让企业有更多时间和精力专注于人性化的任务。

2. Web 3.0下的品牌营销

在Web 3.0去中心化环境的影响下，用户的消费行为已经不再仅受传统广告或品牌单向沟通渠道影响。品牌想与用户建立连接，需着力打造真实和具有想象力的品牌体验，凸显用户、产品和场景的多价值融合。品牌将着眼于建立与消费者的情感链接点，通过Web 3.0虚拟现实场景打造品牌的想象力和独特的用户体验，吸引消费者主动加入探索。

百度营销联合凯度推出的行业首份《Web 3.0营销白皮书》正式提出了Web 3.0营销的定义："Web 3.0营销是虚实融合的互动体验营销。Web 3.0营销以AI、区块链、XR等新一代互联网技术为支撑，品牌通过创设人性化、沉浸式的虚实共生体验，与用户平等互信沟通，达成价值共创。"

当前国内各大内容、技术、游戏等平台已开始布局Web 3.0，围绕数字人、元宇宙、数字产品等打造虚实融合的多元化产品。一个完整的营销生态，离不开技术、内容与场景。以百度为例，它将自身的技术能力、内容能力和多元化场景能力打通，构建了完整的Web 3.0全链路场景，例如举办国内首个Web 3.0元宇宙沉浸式歌会。

对于一个企业而言，一个完善的品牌社区是品牌宣传的绝佳工具，得益于社区成员对品牌和社区有强烈的归属感。社区可以提高用户支持的有效性和效率。为了打造和谐共生的社区关系，企业需要通过社交场所建立社区关系。社交网络是大众生活中非常重要的一部分，它可以改变用户沟通和互动的方式。沟通不再仅仅局限于企业对客户，客户对客户和客户对潜在客户也发挥着重要作用。客户可以直接或间接与企业合作，帮助改进产品、服务和客户体验。从品牌沟通到社区沟通，品牌与消费者的对话不再过于正式，反而显得更加真实可信。

企业更加需要利用Web 3.0的潜力来整合所有数据和信息，进而打造用户体验。将Web 3.0技术组件加入Web 2.0品牌，企业将提供更加个性化的用户体验。

9.3 数字永生

Web 3.0最终将会带来一场大规模的技术与意识形态紧密结合的数字革命。现代世界，我们的生命空间由现实世界与数字世界共同构成，密不可分。随着科技日新月异，我们的生命将不再受限于肉体的生命，我们的意识与记忆也将可以永远保存下来。

人类对于衰老和死亡的抗争从未停止。科技的发展让人们看到了"永生"的另一种可能——数字永生。数字永生（或"虚拟永生"），即在计算机、机器人或网络空间（心灵上传）中存储或转移一个人的假设概念。其行为、反应和思考都与本人无异。在个体死亡后，这个化身可以保持静止或继续自主学习和完善。

虚拟空间正在改变死亡、记忆和纪念的概念。许多人都经历过亲人、朋友或公众人物死亡，而后在网上留下他们生活的数字痕迹。社交媒体平台已成为聚集、哀悼和纪念逝者的场所。当前，数字配置文件、化身和一个人的在线状态是数字遗产很重要的一部分。在Web 3.0和元宇宙中，数字永生将如何存在？

9.3.1 从死亡到永生

在分析"永生"之前，我们先理解何为"死亡"。斯坦福大学脑科学教授大卫·伊格曼（David Eagleman）在他所著书籍《生命的清单》中提到："人的一生，要死去三次。第一次是当你的心跳停止，呼吸消逝。你在生物学上被宣告了死亡。第二次是当你下葬，人们穿着黑衣出席你的葬礼。他们宣告你在这个社会上不复存在。第三次死亡是这个世界上最后一个记得你的人把你忘记。于是你就真正地死去，整个宇宙都将不再和你有关。"

对于三种类型的"死亡"，相应地有三种类型的"永生"。第一种"永生"针对"生理死亡"，古人炼丹修仙，希望长生不老。不过古代帝王也没能如愿。未来可能的人工智能和纳米机器人技术也许会为医学带来创新，帮助人类修复体内脏器和增强免疫系统，这就是"物质永生"。值得一提的是，VitaDAO是旨在通过Web 3.0去中心化研究探索长寿和永生的前沿科技。

　　第二种"永生"针对"社会死亡"。人们能通过脑机接口、意识上传和元宇宙世界中的全息虚拟人进行高仿真的互动交流。元宇宙中还涌现出宗教属性的道场，人们可以在虚拟世界为故人更好地祈福祷告。

　　第三种"永生"针对"信息死亡"。过去人们通过墓志铭、著书立说、影视作品等让自己的思想留存下来，但这种信息大概率会损耗或者丢失。现在，我们可以借助区块链不可篡改的属性以数字藏品NFT、灵魂绑定通证（SBT）和宗教元宇宙等为载体让自己的信息在这个宇宙中永恒地保留下来。第二和第三种永生方式即"数字永生"。

物质永生+数字永生=生命3.0

　　数字永生更有可能先于物质永生到来，原因有三：第一是无需专业机构的审核。物质永生涉及的医学硬件如果没有相关国家机构授权则无法面向市场，而数字永生只需要电脑软件和操作系统，相比而言更灵活。第二是实验场景更广。物质永生涉及的硬件均需进行人体实验，实验结果的不确定性较高。数字永生涉及的软件则有较强的可扩展性。第三是产品风险更小。物质永生涉及的硬件研发周期比数字永生的研发周期更长，潜在风险远高于数字永生。接下来将重点讨论数字永生。

9.3.2　数字永生的入口：脑机接口

　　脑机接口（brain-computer interface，BCI）是指大脑与外部设备，通常是计算机或机器人肢体之间的直接通信路径。BCI技术通常用于研究、映射、协助、增强或修复人类意识或感觉功能。经过多年的动物实验，第一个植入人体的神经假体装置出现在20世纪90年代中期。最近，科学家将机器学习应用在脑机接口领域，从脑电波中提取了数据进行人机交互的研究。该研究在精神状态（放松、中立、集中）、情绪状态（消极、中性、积极）和丘脑皮质节律失常方面取得了成功。

　　BCI的实施通常有两种方式，分别是利用穿戴设备在大脑外实施连接的非侵入性（non-invasive）和将设备植入大脑的侵入性（invasive）。由于大脑皮层的可塑性，当大脑适应了脑机接口后就可以处理来自植入假体的信号。目前，主要依靠脑电图（EEG）来检测大脑活动信号。但是脑机接口技术的发展带来改变。现在的技术已经能够利用多个传感器和复杂的算法提取数据和分析大脑信号，还可以识别大脑模式。目前，大多数主流商用的BCI都使用非侵入性的设备，例如可穿戴头套和耳塞等。现有技术下脑机接口的目的主要是让人类可以通过意识操控假肢。

　　简而言之，BCI就是大脑和计算机之间的桥梁。目前，BCI技术还在不断发展中，并衍生出了细胞培养物的脑机接口。这类研究被称为神经芯片（neurochips），它主要是一种与神经元细胞相互作用的集成电路芯片技术。2010年，Naweed Syed实验室培养出了世界上第一个神经芯片。他们在微芯片上培养脑细胞来更精准地捕捉大脑活动的细微变化。未来利用BCI技术获取的大脑活动的数据信息或许可以用来构建人类的虚拟化身。结合人工智能及虚拟现实技术，在元宇宙世界中实现"永生"将成为可能。

9.3.3 数字永生的进阶：意识上传

意识上传（mind uploading）也称为全脑仿真（whole brain emulation，WBE），目前还是一种停留在理论上的概念。它可以通过扫描大脑的结构，结合大脑活动数据创建"大脑副本"，最后以数字形式将其存储在计算机中。计算机通过处理这些数据就可以用与原始大脑相同的方式做出反应，体验到原大脑的意识。

意识上传的概念听起来十分科幻，但相关领域的科学研究一直都在进行。意识上传领域的研究主要集中在脑映射、虚拟现实、脑机接口、动态功能大脑的信息提取及超级计算机等方面。2013年，奥巴马公开了"大脑活动地图计划"，该研究旨在绘制人脑中的每一个神经元，其目的是对人类大脑有一个更加彻底的认知。开始于2005年的蓝脑计划（blue brain project）已经模拟出了大鼠的大脑神经网络并绘制出了小鼠大脑中每个细胞的3D图谱。可是由于技术局限及伦理问题，何时能制造出"人造大脑"还未可知。

意识上传领域的研究让我们看到了永生的可能。或许未来人类的意识可以脱离生物的躯体搭载在机器上，这样意识将会在虚拟空间永久存在。然而大脑仿真涉及很多文化、法律及道德问题，即使技术真的发展成熟，能否普遍应用还值得商榷。

9.3.4 数字永生的当下：折衷主义

相对于脑机接口和意识上传还属于早期理论或者实验室阶段，当下的数字永生在第三种永生定义下以折衷主义的方式更好地体现。

1. NFT

2021年，全球NFT市场迎来了一次大爆发。国内同样也诞生了多个火热的平台。NFT具有两个特点：首先是不可篡改，一旦上传到区块链上就无法被篡改和毁灭；其次是NFT在虚拟世界的连接效率远高于现实物理世界。这些在这个世界永远无法被消除的NFT也许以不可预知的方式，与有缘人构建永恒的记忆。

2. 灵魂绑定 SBT

最近的一篇论文《去中心的社会：寻找Web 3的灵魂》介绍了一种类似于不可替代代币的工具，称为"灵魂绑定"代币（SBT）——一系列有生命的、公开可见的、不可转让的、可能被发行人撤销的代币。它将代表证书、成员资格和从属关系，以建立来源和声誉。

这些账户被称为"灵魂"。人们用"灵魂"存储基于他们的教育证书、专业证书、工作经历或他们创作的艺术作品的SBT。随着用户线上线下活动的增加，用户会获得越来越多的不可转让的SBT。SBT逐步将和用户的学校、工作、活动、金融等标签锁定。大学或公司可能会发行SBT来验证证书或会员资格。最终，一个SBT就能成为真正保存一个用户的线上线下所有历史信息的账户，为未来迎接脑机接口、意识上传的永生做好数据基础准备。

3. 数字纪念

悲伤、丧亲和纪念仪式已经被技术改变了。数字纪念是一种跨越数字永生和数字遗产界限提供特定纪念服务的实践。数字纪念的形式包括：在墓碑上添加带有死者信息的快速响应矩阵条形码（QR码），将纪念带入增强现实空间；用3D和人工智能全息图为后代保存先人的故事；已故的音乐家以音乐全息图的形式登上舞台；虚拟空间的虚拟葬礼，例如在"第二人生"等3D虚拟世界中举行的葬礼和追悼会；以数字为媒介的葬礼实践，例如增强棺材和哀悼蜡烛等服务也是数字纪念的一种形式。

随着数字化程度的逐步提高，未来缅怀故人时可以和元宇宙中宗教道场的法师和故人的数字分身进行互动。通过数字化和宗教的双重方式达到"永生"的目的。

9.3.5　数字永生的未来：超越死亡

通过脑机接口和意识上传，个人意识信息在未来会被大量分布式存储。在遥远的未来，大家也许会发现所谓"自我意识"就是大量数据在人脑中形成的一种"幻觉"而已，当大量的个人意识连接在一起的时候，脑联网应运而生。脑联网可以实现多人甚至与多机器高效分工协作。人类智能的革命将迎来指数级发展。人类文明的进程也将加速到来。

　　Web 3.0和虚拟世界可能会为数字永生开辟更多机会——人们可以在虚拟空间中无限期地存在、进化和互动。例如Somnium Space等一些软件就选择在虚拟世界里消除死亡，提供"永远活着"的机会。数字时代的死亡是复杂的。人类的数据和化身将在不受肉体限制的情况下继续发展，而虚拟空间中的生活将持续改变人类看待和处理死亡的方式。

9.4 机遇与展望

Web 3.0是互联网的下一个时代：用户所创造数字内容的所有权和控制权完全归属于用户自己；内容创作者可以自主选择是否将价值货币化；数字内容将不再只是简单的数据信息，它们被转化成了可以安全保存的数字资产。展望未来，Web 3.0将创造一个高效、自动化、智能化的全新互联网世界。

9.4.1 概念的火热

根据《Web 3.0营销白皮书》的数据，2021年7月至2022年7月一年间，"数字藏品"相关搜索热度月均复合增长率为124%，"元宇宙"关键词搜索热度同比增长273%，而"数字人"关键词搜索热度同比增长也超过了400%。此外，凯度的随机问卷调研显示，65%的受访广告主和72%的消费者认为，过去一年身边人提及Web 3.0相关话题的人数和频率有所增加。过去一年，57%的受访消费者已经体验过至少一种和Web 3.0相关的互联网活动（如图9.3所示）。Web 3.0已经不再是遥远而陌生的设想。它已经通过教育、社交网络、消息传递、交换服务和浏览等方式渗透进了我们的生活中。

Web 3.0为我们带来了更加个性化的浏览体验。网站将能够自动适应用户的设备，提供多样化的访问需求。由区块链、人工智能和语义支持的类人数字搜索助手和信息推荐服务已经开始提升我们的搜索体验。例如，谷歌、高德和百度等地图服务在基础的位置搜索功能之外已经增加了路线规划、酒店建议和实时交通状态的功能。

Web 3.0给我们带来了不一样的数字钱包体验。用户只需选择"连接钱包"即可登录去中心化交易所而无须另外创建账户。加密的货币大幅度地提升了钱包的安全性，让用户的消费体验更省心。

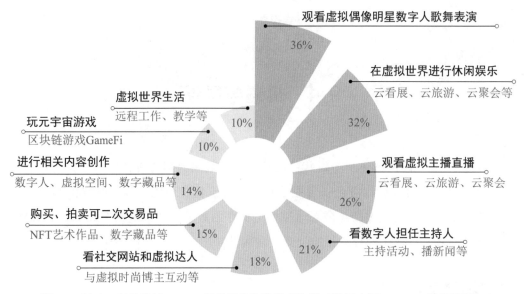

图 9.3　过去一年体验过 Web 3.0 相关活动的消费者比例（数据来源：Kantar 问卷调研）

Web 3.0 还给我们带来了新型虚实相融的互联网社会形态。用户现在可以在元宇宙空间中参加数字会议、虚拟偶像音乐会，玩虚拟游戏。互联网用户可以用数字化身在虚拟商店里购买产品，可以在虚拟游乐场买票游玩，再把游玩记录分享到虚拟社区。随着算力和网络能力的提升，扩展现实（XR）交互终端的普及和成熟，区块链、云计算、数字孪生技术的不断发展，越来越多的人将直接在由 Web 3.0 所构建的元宇宙中参与内容创造。依托元宇宙，"虚拟世界"与"现实世界"深度融合将成为新生态。

最后，Web 3.0 中的网络将完全归社区所有。每个用户都能够成为所有者，分享价值创造，参与治理和运营。去中心化社交网络上的内容创建者可以保留对其内容的控制权，同时也可以因其活动获得奖励。用户可以完全控制他们的数据和隐私，并决定企业能否使用他们的数据。Web 3.0 是在线消费和共享信息的下一个重大飞跃。

9.4.2　企业的布局

TikTok 作为字节跳动全球化最成功的案例，其在海外布局 Web 3.0 相关领域，2021 年 9 月有消息称 TikTok 正在筹备 NFT，直到 10 月 TikTok 宣布推出首个 NFT 系列 TikTok Top Moments，精选了 TikTok 平台上 6 个最受欢迎的创作者的 TikTok 视频，Lil Nas X 率先与 Rudy Willingham 推出了一对一限量版的 NTF，在 2021 年 10 月 6 日出售。其中，一对一的 NFT 将在以太坊上提供，限量版 NFT 将由 Immutable X 提供支持。字节跳动在海外的试水还略显小心翼翼，相比之下腾讯的布局已经十分明显了，并已经逐渐实现中国化。

面对新一代互联网浪潮，百度开始尝试使用Web 3.0的方式进行品牌营销，这对于品牌主了解Web 3.0和加强对用户价值的理解具有重要意义。百度集团品牌负责人曹语馨表示："随着元宇宙、数字人等Web 3.0基础设施的构建，品牌营销有了更多想象空间，与其观望还不如充分下场。""有78%的品牌主开始尝试或者正在考虑Web 3.0的营销方式，Web 3.0已经成为一道品牌营销必答题。"目前，百度基于AI能力搭建了Web 3.0的基础设施，并成功实施了多个品牌营销活动，为品牌营销提供不同场景下的Web 3.0解决方案，促进产业升级和营销创新。2022年，百度启动了第五届AI营销创想季，并发起Web 3.0伙伴计划，联手全行业营销人、创意人、品牌方共同孵化Web 3.0营销的优秀案例，探索创新方法。

作为互联网企业探索Web 3.0的排头兵，云厂商之间的竞争最为激烈。许多互联网企业旗下的云厂商发现Web 3.0已经是一块很难忽视的大蛋糕，纷纷发力。谷歌云将Web 3.0比作十年前的互联网，并专门成立了Web 3.0团队；微软招聘可以在Web 3.0领域开疆扩土的专业人士；华为云积极拓展海外Web 3.0公司，时不时在推特的Web 3.0话题上"刷存在感"，其生态下的公司也进展顺利；阿里云不甘示弱，宣布为海外用户提供NFT解决方案。短短几个月时间，云厂商云集Web 3.0，让人们有种人满为患的感觉。除了"云+Web 3.0"，美国的一些互联网巨头还探索了其他"X+Web 3.0"的商业模式，比如"社交+Web 3.0""支付+Web 3.0""电商+Web 3.0"等。

9.4.3　未来的趋势

在接下来的十年中，几乎所有行业都有望在其运营中采用区块链技术。如图9.4所示，Web 3.0将极大地改变不同行业的常规流程。根据Market Research Future的专家预测，到2023年，Web 3.0区块链技术领域的价值将超过6万亿美元。从2023年到2030年，Web 3.0将继续以44.6%的复合年增长率增长。它将成为未来十年增长最快的行业之一。

Web 3.0所引领的产业发展将为各个愿意加入的有志之士提供几乎无限的机会。对于投资者来说，Web 3.0相关的初创企业有非常强的吸引力。2021年加密货币项目的投资就已经达到了300亿美元，其中许多都与区块链相关。业务和流程数字化、分布式系统建设、多区块链运营、DAO和分布式网络项目等都有巨大的潜力。在未来，投资者可以更多关注跨机制的Web 3.0企业，如分布式存储领域的Chia、

Filecoin、Sia、Storj，操作系统领域的ICP和Urbit，以及Cosmos和Polkadot等企业都符合上述条件。

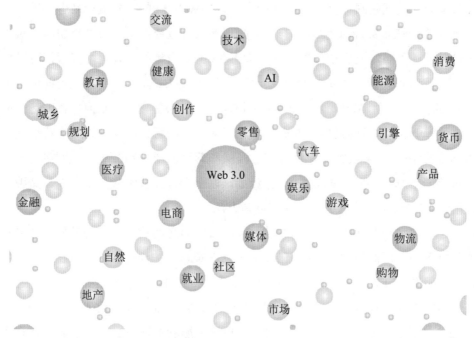

图 9.4　Web 3.0的概念将辐射并应用到更多领域

Web 3.0网络的实现将需要大量开发人员。据Electric Capital统计，以太坊、Polkadot、Cosmos、Solana等大型社区每月都需要雇佣约250人。只要了解区块链的主要原理和C++、Rust和Solidity等编程语言，工作机会非常多。

互联网用户将获得革命性的网络体验。任何Web 3.0互联网用户都可以成为内容的创造者。文章、照片、视频、音频等都可以成为赚钱的商品。就在2021年，来自菲律宾的Axie Infinity游戏风靡一时。它成为有史以来最受欢迎和最成功的基于NFT的Play to Earn（P2E，玩游戏即赚钱）加密游戏。P2E游戏使用区块链技术将游戏内物品和货币转化为具有真实价值的可交易资产，平均每个月可以为游戏的玩家提供400美元左右的收入。

在Web 3.0时代，我们可以期待更多令人惊讶的事物，它们会彻底改变我们的生活方式。网络创造联系，联系创造社区，社区创造市场，社区是变革的强大力量。Web 3.0将希望的力量延伸到那些梦想的追求者。新的互联网即将到来，让我们张开双臂拥抱Web 3.0。

参考文献

[1] AGGARWAL K, VERMA H K. Hash_RC6-Variable Length Hash Algorithm Using RC6[C]. Ghaziabad: IEEE, 2015: 450-456.

[2] BERES F, SERES I A, BENCZUR A A, et al. Blockchain is Watching You: Profiling and Deanonymizing Ethereum Users[C]. London: IEEE, 2021: 69-78.

[3] CAO L. Decentralized AI: Edge Intelligence and Smart Blockchain, Metaverse, Web 3, and DeSci[J]. IEEE Intelligent Systems, 2022, 37（3）: 6-19.

[4] CAPOCASALE V, PERBOLI G. Standardizing Smart Contracts[J]. IEEE Access, 2022, 10: 91203-91212.

[5] CHIBA D, YAGI T, AKIYAMA M, et al. Domain Profiler: toward Accurate and Early Discovery of Domain Names Abused in Future[J]. International Journal of Information Security, 2018, 17（6）:661-680.

[6] KIM M J, LEE K N, CHEON K T, et al. Analysis of Block-Chain Technology Using Big-Data[J].Journal of Korean Institute of Intelligent Systems, 2018, 28（4）: 388-392.

[7] LEI W, XIONG L, DU J, et al. Forbidden Pairs of Disconnected Graphs for Traceability of Block Chains[J]. Symmetry, 2022, 14（6）: 1221.

[8] LIN S, KONG Y, NIE S. Overview of Block Chain Cross Chain Technology[C]. Beihai, China: IEEE, 2021: 357-360.

[9] LIU C, JI H, WEI J. Block Chain Influences on Manufacturing Collaborative Product Innovation[J]. Journal of Computer Information Systems, 2022, 62（6）: 1297-1309.

[10] LIU H X, CHOW B C, LIANG W, et al. Measuring a Broad Spectrum of eHealth Skills in the Web 3.0 Context Using an eHealth Literacy Scale: Development and Validation Study[J]. Journal of Medical Internet Research, 2021, 23（9）: e31627.

[11] LIU Z, XIANG Y, SHI J, et al. Make Web 3.0 Connected[J]. IEEE Transactions on Dependable and Secure Computing, 2022, 19（5）: 2965-2981.

[12] LONG B, CHENG L P, ZHANG Y. Library Information Service in the Web 3.0 Environment[J].

Advanced Materials Research, 2013, 850–851: 410-413.

[13] MIRAZ M H, ALI M, EXCELL P S, et al. A Review on Internet of Things（IoT）, Internet of Everything（IoE）and Internet of Nano Things（IoNT）[C]. Wrexham: IEEE, 2015: 219-224.

[14] OLGA K. What You Need to Know About Web 3, Crypto's Attempt to Reinvent the Internet[J]. Bloomberg, 2021.

[15] OMITOLA T, RÍOS S A, BRESLIN J G. Social Semantic Web Mining[M]. Switzerland: Springer, 2015.

[16] QI H, LI Y. Design of Publishing Information Service System Based on Web3.0[J]. IERI Procedia, 2012, 2: 543-547.

[17] THOMAS L, ZHOU Y, LONG C, et al. A General Form of Smart Contract for Decentralized Energy Systems Management[J]. Nature Energy, 2019, 4（2）: 140-149.

[18] ZHENG J, HUANG H, LI C, et al. Revisiting Double-Spending Attacks on the Bitcoin Blockchain: New Findings[C]. Tokyo: IEEE, 2021: 1-6.

[19] ZHENG Z, XIE S, DAI H N, et al. An Overview on Smart Contracts: Challenges, Advances and Platforms[J]. Future Generation Computer Systems, 2020, 105: 475-491.

[20] BRANISLAV S, MIRIAMA M. Computer Game Development[M]. London: Intech Open, 2022.

[21] HUANG G. Digital Visualization in Web 3.0: A Case Study of Virtual Central Grounds Project [J]. Journal of Digital Landscape Architecture, 2020: 5-2020.

[22] TOM T. Artifical Intelligence Basics[M]. New York: Springer, 2019.

[23] ZHANG J, LU C, CHENG G, et al. A Blockchain-Based Trusted Edge Platform in Edge Computing Environment[J]. Sensors, 2021, 21（6）: 2126.

[24] BANO S, SONNINO A, AL-BASSAM M, et al. SoK: Consensus in the Age of Blockchains[J]. arXiv, 2017.

[25] CHEUNG D W, HAN J, NG V T, et al. A Fast Distributed Algorithm for Mining Association Rules[C]. New York: IEEE, 1996: 31-42.

[26] FRANCESCHET M, COLAVIZZA G, FINUCANE B, et al. Crypto Art: A Decentralized View[J]. Leonardo, 2021, 54（4）: 402-405.

[27] GOLDWASSER S, MICALI S, RACKOFF C. The Knowledge Complexity of Interactive Proof Systems[C]. New York: ACM, 2019: 203-225.

[28] LAMPORT L, SHOSTAK R, PEASE M. The Byzantine Generals Problem[J]. ACM

Transactions on Programming Languages and Systems, 1982, 4（3）: 382-401.

[29] NAKAMOTO S. Bitcoin: A Peer-to-Peer Electronic Cash System[J]. Decentralized Business Review, 2008: 21260.

[30] PALATTELLA M R, ACCETTURA N, VILAJOSANA X, et al. Standardized Protocol Stack for the Internet of （Important） Things[J]. IEEE Communications Surveys & Tutorials, 2012, 15（3）:1389-1406.

[31] REGNER F, URBACH N, SCHWEIZER A. NFTs in Practice—non-Fungible Tokens as Core Component of a Blockchain-Based Event Ticketing Application[C]. Munich: AIS, 2019.

[32] SZABO N. Smart Contracts: Building Blocks for Digital Markets[J]. EXTROPY: The Journal of Transhumanist Thought, （16）, 1996, 18（2）: 28.

[33] WILLIAM E, DIETER S, JACOB E, et al. Erc-721 Non-fungible Token Standard. Ethereum Improvement Protocol, EIP-721[J]. Ethereum, 2018.

[34] WOOD G, et al. Ethereum: A Secure Decentralized Generalized Transaction Ledger[J]. Ethereum Project Yellow Paper, 2014, 151（2014）: 1-32.

[35] YAO A C. Protocols for Secure Computations[J]. FOCS, 1982: 160-164.

[36] GRIFFOR E R, GREER C, WOLLMAN D A, et al. Framework for Cyber-Physical Systems: Volume 1, Overview[J]. Special Publication （NIST SP）, 2017.

[37] OLGA K. What You Need to Know about Web 3, Crypto's Attempt to Reinvent the Internet[J]. Bloomberg, 2021.

[38] SATOSHI N. Bitcoin: A Peer-to-Peer Electronic Cash System[J]. Decentralized Business Review, 2009: 21260.

[39] ZHOU J, ZHOU Y, WANG B, et al. Human-Cyber-Physical Systems （HCPSs） in the Context of New-Generation Intelligent Manufacturing[J]. Engineering, 2019, 5（4）: 624-636.

[40] AGUIAR H. Blockchain Games Twist the Fundamentals of Online Gaming[J]. NFTs Conceitos, 2022: 21.

[41] AO Z, HORVATH G, ZHANG L. Are Decentralized Finance Really Decentralized a Social Network Analysis of the Aave Protocol on the Ethereum Blockchain[J]. arXiv Preprint, 2022.

[42] BARRON L. CryptoKitties is Going Mobile. Can Ethereum Handle the Traffic[J]. Fortune Retrieved, 2018, 30.

[43] CALDARELLI G, ELLUL J. The Blockchain Oracle Problem in Decentralized Finance—A Multi-Vocal Approach[J]. Applied Sciences, 2021, 11（16）: 7572.

[44] DONMEZ A, KARAIVANOV A. Transaction Fee Economics in the Ethereum Blockchain[J].

Economic Inquiry, 2022, 60（1）: 265-292.

[45] DUSOLLIER S. The 2019 Directive on Copyright in the Digital Single Market: Some Progress, a Few Bad Choices, and an Overall Failed Ambition[J]. Common Market Law Review, 2020, 57（4）.

[46] MIN T, WANG H, GUO Y, et al. Blockchain Games: A Survey[C]. London: IEEE, 2019: 1-8.

[47] NONAKA M, KONKO J, GAFFNEY C. FinCEN Issues Guidance to Synthesize Regulatory Framework for Virtual Currency[J]. Journal of Investment Compliance, 2019.

[48] WU K, MA Y, HUANG G, et al. A First Look at Blockchain-Based Decentralized Applications[J]. Software: Practice and Experience, 2021, 51（10）: 2033-2050.

[49] ACHACHE A, BAAZIZ A, SARI T. The Impact of Data Mining and SaaS-Cloud Computing: A Review[J]. Data Science and Applications, 2020, 3（1）: 23-35.

[50] ACHACHE A, BAAZIZ A, SARI T. Hybrid Fuzzy Clustering to Improve Services Availability in P2P-Based SaaS-Cloud[J]. Multiagent and Grid Systems, 2021, 17（4）: 297-334.

[51] AHUJA S P, MANI S. Availability of Services in the Era of Cloud Computing[J]. Netw. Commun. Technol., 2012, 1: 2-6.

[52] BHAVSAR HARSHADA V, GUMASTE S, DEOKATE GAJANAN S. Large Scale Data Shared by Peer to Peer Based System in Shared Network[J]. International Journal of Science and Research（IJSR）, 2013.

[53] CHOU W. Web Services: Software-as-a-Service（SaaS）, Communication, and Beyond[C]. New York: IEEE, 2008: 1-1.

[54] KANG S, KANG S, HUR S. A Design of the Conceptual Architecture for a Multitenant SaaS Application Platform[C]. Jeju: IEEE, 2011: 462-467.

[55] KANG S, KANG S, HUR S. A Design of the Conceptual Architecture for a Multitenant SaaS Application Platform[C]. Washington, DC: IEEE, 2011: 462-467.

[56] LIU S, YUE K, YANG H, et al. The Research on SaaS Model Based on Cloud Computing[C]. New York: IEEE, 2018: 1959-1962.

[57] SATYANARAYANA S. Cloud Computing: SAAS[J]. Computer Sciences and Telecommunications, 2012（4）: 76-79.

[58] WEI X, ZHANG J, ZENG S. Study of the Potential SaaS Platform Provider in China[C]. Xiamen: IEEE, 2009: 78-80.

[59] MURALIDHARAN S, KO H. An InterPlanetary File System（IPFS）Based IoT Framework[C]. New York: IEEE, 2019: 1-2.

[60] POUWELSE J, GARBACKI P, EPEMA D, et al. The Bittorrent P2P File-Sharing System: Measurements and Analysis[C]. Berlin: Springer, 2005: 205-216.

[61] ZHANG H, WEN Y, XIE H, et al. Distributed Hash Table: Theory, Platforms and Applications[M]. Berlin: Springer, 2013.

[62] ZHANG L, AFANASYEV A, BURKE J, et al. Named Data Networking[J]. ACM SIGCOMM Computer Communication Review, 2014, 44（3）: 66-73.

[63] GARON J. Legal Implications of a Ubiquitous Metaverse and a Web 3 Future[J]. Available at SSRN 4002551, 2022.

[64] HENDLER J. Web 3.0 Emerging[J]. Computer, 2009, 42（1）: 111-113.

[65] KIONG L V. Web 3 Made Easy: A Comprehensive Guide to Web 3: Everything You Need to Know about Web 3, Blockchain, DeFi, Metaverse, NFT and GameFi[M]. Seattle: Independently Published, 2022.

[66] PALFREY J, GASSER U. Case Study: Mashups Interoperability and E-Innovation[J]. Berkman Publication Series, 2009.

[67] PATRICK E. WEB 3: What is Web 3? Potential of Web 3.0 （Token Economy, Smart Contracts, DApps, NFTs, Blockchains, GameFi, DeFi, Decentralized Web, Binance, Metaverse Projects,Web 3.0 Metaverse Crypto G uide, Axie）[M]. Seattle: Independently Published, 2022.

[68] RUDMAN R, BRUWER R. Defining Web 3.0: Opportunities and Challenges[J]. The Electronic Library, 2016.

[69] CHEN C, ZHANG L, LI Y, et al. When Digital Economy Meets Web 3.0: Applications and Challenges[J]. IEEE Open Journal of the Computer Society, 2022.

[70] HANG L, ULLAH I, KIM D H. A Secure Fish Farm Platform Based on Blockchain for Agriculture Data Integrity[J]. Computers and Electronics in Agriculture, 2020, 170: 105251.

[71] HATZIVASILIS G, ASKOXYLAKIS I, ALEXANDRIS G, et al. The Interoperability of Things: Interoperable Solutions as an Enabler for IoT and Web 3.0[C]. Barcelona: IEEE, 2018: 1-7.

[72] WEYL E G, OHLHAVER P, BUTERIN V. Decentralized Society: Finding Web 3's Soul[J]. Available at SSRN 4105763, 2022.

[73] 姚前. Web 3.0：渐行渐近的新一代互联网[J]. 中国金融, 2022.

[74] 杜雨, 张孜铭. WEB 3.0 赋能数字经济新时代[M]. 北京: 中译出版社, 2022.

[75] 成生辉. 元宇宙：概念、技术及生态[M]. 北京: 机械工业出版社, 2022.

[76] 李昆昆, 李正豪. Web 3.0 革命：机构跑步进场价值互联网将立[J]. 中国经营报, 2022.

[77] 任洪海. 计算机图形学理论与算法基础[M]. 沈阳：辽宁科学技术出版社, 2012.

[78] 崔佳. 云计算与边缘计算[J]. 电子技术与软件工程, 2020.

[79] 曹舒雅, 姚英英, 常晓林. 基于区块链的智能工厂 RFID系统轻量级身份认证机制[J]. 网络空间安全, 2020.

[80] 李扬, 李舰. 数据科学概论[M]. 北京: 中国人民大学出版社, 2021.

[81] 王哲. 边缘计算发展现状与趋势展望[J]. 自动化博览, 2021.

[82] 王庆. 从云计算跨越到边缘计算[J]. 信息通信技术, 2018.

[83] 谢人超, 黄韬, 杨帆, 刘韵洁. 边缘计算原理及实践[M]. 北京: 人民邮电出版社, 2019.

[84] 陈为. 数据可视化[M]. 北京: 电子工业出版社, 2019.

[85] 陶阳宇, 符侯程. 隐私计算关键技术与创新[J]. 信息通信技术与政策, 2021, 47（6）: 27.

[86] 席清才. 基于注意力经济背景下的注意力营销研究[J]. 长春工业大学学报, 2009, 21（5）: 23-26.

[87] 卿玲丽. 中国区块链行业人才供求现状及发展研究[J]. 科技创新与生产力, 2021（1）: 5.

[88] 余朝阳, 杨晓燕. 协作消费：一场新的消费变革[J]. 销售与市场, 2012.

[89] 大卫·伊格曼. 生命的清单：关于来世的40种景象[M]. 北京：中信出版社, 2010.

[90] 李长云, 王志兵. 智能感知技术及在电气工程中的应用[J]. 成都：电子科技大学出版社, 2017.

[91] 贾益刚. 物联网技术在环境监测和预警中的应用研究[J]. 上海建设科技, 2010, 6：65-67.